生態恒常性工学

― 持続可能な未来社会のために ―

工学博士 藤江 幸一 編著

コロナ社

編　者：藤江 幸一（豊橋技術科学大学／現 横浜国立大学）

編集幹事：後藤 尚弘（豊橋技術科学大学）

〔執筆者一覧〕（執筆順）

藤江 幸一（豊橋技術科学大学／現 横浜国立大学）（1章）
立花 潤三（大阪府立工業高等専門学校）（2章）
松本 博（豊橋技術科学大学）（3.1～3.3節）
山田 聖志（豊橋技術科学大学）（3.4節）
加藤 史郎（豊橋技術科学大学）（3.5節）
中澤 祥二（豊橋技術科学大学）（3.5節）
渡邉 昭彦（豊橋技術科学大学）（3.6節）
細田 智久（豊橋技術科学大学）（3.6節）
大貝 彰（豊橋技術科学大学）（3.7節）
郷内 吉瑞（豊橋技術科学大学）（3.7節）
小口 達夫（豊橋技術科学大学）（4章）
成瀬 一郎（名古屋大学）（4章）
後藤 尚弘（豊橋技術科学大学）（5章）
大門 裕之（豊橋技術科学大学）（6章）
二又 裕之（豊橋技術科学大学）（7.1節，7.3節）
田中 照通（豊橋技術科学大学）（7.2節）
浴 俊彦（豊橋技術科学大学）（7.4節）
辻 秀人（豊橋技術科学大学）（7.5節）
木曽 祥秋（豊橋技術科学大学）（7.6節）
水野 彰（豊橋技術科学大学）（7.7節，7.8節）
高島 和則（豊橋技術科学大学）（7.7節，7.8節）
田中 三郎（豊橋技術科学大学）（7.9節）
廿日出 好（豊橋技術科学大学）（7.9節）

（所属は2008年3月現在）

はじめに

　本書は，平成14〜18年の5年間，国立大学法人豊橋技術科学大学で実施された21世紀COE（center of excellence）プログラム「未来社会の生態恒常性工学」の成果をもとにまとめたものである。COEとは，卓越した研究拠点を意味する語の頭文字であり，21世紀COEプログラムとは，日本の大学に世界最高水準の研究教育拠点を形成し，国際競争力のある個性輝く大学づくりを推進することを目的とした，文部科学省の事業である。

　急激な需要の増加にあおられた格好で石油価格の上昇がさまざまな課題を顕在化させている。石油代替燃料として期待されるバイオエタノールの原料になるということで，重要な食糧でもあるトウモロコシの価格が急騰し，さらにトウモロコシ栽培への転換に伴う栽培面積の減少でオレンジが値上がりし，バイオディーゼル燃料の原料となるパーム油の大幅な価格上昇も進行している。資源・エネルギー消費の急拡大と，地球の有限性を思い知らされている昨今である。人間活動を支える機能を提供するためには，多くの資源・エネルギーを必要としており，加えて二酸化炭素をはじめ多くの環境負荷，そして生態系へのインパクトをもたらしている。

　生物は，その内部や外部の環境因子の変化にかかわらず，生体の状態を一定に保つことができる性質を有しており，そのような状態は生体恒常性，あるいはホメオスタシスといわれている。利用できる資源・エネルギーの大幅な減少や，多様な環境問題に遭遇しても，人間活動を支える機能を過不足なく提供できる社会をぜひ実現しておきたい。

　人間活動を支える機能は多様な産業によって生産される工業製品に加えて，建設構造物や道路などの社会インフラによって提供されている。さらに，人間活動は，それを取り囲む自然・生態系に多くのインパクトをもたらしている。

　工業製品を生み出す産業の生態，人間活動の場となる都市や社会の生態，そして人間活動を取り囲む環境生態について，これらの恒常性を実現することが人間活動の持続性とその質を維持・向上するためには不可欠である。このような社会の実現を推進する技術・システムを創生するための手法を「生態恒常性工学」と呼ぶこととし，以下の項目についての研究を通して，当21世紀COE

プログラムではその確立に挑戦してきた．

1) 多様なスケールの地域や産業間での物資・エネルギーフローの解析により，資源・エネルギーの消費，環境への負荷とそのインパクトの評価・診断を行い，その結果に基づいて資源・エネルギーの消費削減と環境負荷低減を指標とした地域内や産業間における物質循環ネットワークを設計する手法を確立するとともに，その社会への導入と効果を評価し，健全な物質循環を基盤とした持続可能社会像の提示を行った．

2) 気圏・水圏・地圏の各メディアに排出される多様な汚染物質について環境中での挙動と生態系などに対するインパクト評価の新規な手法の開発とその利活用を推進した．

3) 生産から利活用，リサイクルに至る工業製品・建設構造物による機能提供の過程での温室効果ガスを含む環境負荷物質の排出低減，生成した汚染物質の除去，汚染された環境の修復，アップグレードを伴う物質リサイクルの要素となる新規技術およびシステムの開発に加えて，この分野のほかの多様な技術を含めた評価を行った．

環境負荷低減を目的とした従来の取組みが "end-of-pipe" すなわち，排出された排水，排ガス，廃棄物などをいかに処理するかが主体であり，真の環境負荷低減というよりも，その排出先を変えるだけのいわゆる「もぐら叩き」であった．それに対して，当 COE プログラムでは，まず人間活動への機能提供に伴う物質・エネルギーフローと環境負荷の解析結果に基づいて，健全な物質循環を基盤とした社会システムを実現するための手法や技術・システムの開発に取り組んだ．環境汚染物質の挙動を的確かつ簡易に把握・予測できる手法の確立，先端電子技術による高感度センサと遺伝子技術・生化学などの連携による汚染物質の環境生態系へのインパクト評価，新規素材のアップグレードリサイクル技術・システムの開発，低品位化石燃料やバイオマスを活用した自立型地域エネルギーシステムの構築，生物，電気および化学的手法による排出削減と汚染環境の修復に関する技術・システムの開発と評価などを実施してきた．

当 COE プログラムでは，これらの新規技術の研究開発やシステム設計，評価手法の確立などを通して，恒常性社会の実現に貢献できる高度技術者・研究者らの人材育成にも貢献できたものと自負している．当 COE プログラムの成果がさまざまな方面で生かされることを期待して本書をまとめた次第である．

2008 年 3 月

藤江　幸一

目　　次

1. 未来社会を拓く鍵 ── 生態恒常性工学へ

1.1　持続社会のために取り組むべき課題 …………………………………… 2
1.2　未 来 社 会 の 姿 ……………………………………………………………… 3
1.3　われわれの克服すべき課題 ………………………………………………… 4
1.4　未来社会の恒常性工学へ …………………………………………………… 7

2. 食から見た生態恒常性工学

2.1　食と環境の現状 ……………………………………………………………… 9
　2.1.1　概　　説　9
　2.1.2　生産と環境　11
　2.1.3　輸送と環境　14
　2.1.4　消費・廃棄と環境　16
2.2　食の生態恒常性に関する研究 …………………………………………… 21
　2.2.1　旬産旬消による環境負荷低減　21
　2.2.2　地 産 地 消　23
　2.2.3　旬産旬消・地産地消による環境負荷低減効果　27
　2.2.4　エコクッキング　28
　2.2.5　献立による環境負荷の違い　30
2.3　ま　 と　 め ……………………………………………………………… 32

3. 住から見た生態恒常性工学

3.1 概説 …………………………………………………………………… 34
3.2 都市・建築の LCI 分析と環境負荷低減 ………………………………… 35
   3.2.1 建物のエネルギー消費原単位　35
   3.2.2 都市の需要エネルギーマップ　37
3.3 建築物の環境負荷低減 …………………………………………………… 39
   3.3.1 住宅の省エネルギー　39
   3.3.2 オフィスビルの省エネルギー　45
3.4 建築のヘルスモニタリング（長寿命構造の光ファイバセンシング）…… 50
   3.4.1 はじめに　50
   3.4.2 FBG センサ　50
   3.4.3 計測システムの概要　51
   3.4.4 複合材料ならびにその接合部の損傷モニタリング　53
   3.4.5 鋼材ならびに鋼製制震部材の塑性進展モニタリング　55
   3.4.6 実構造物への適用事例　56
3.5 建築・土木構造からの環境負荷低減 …………………………………… 59
   3.5.1 はじめに　59
   3.5.2 低環境負荷材料を用いた構造形式の提案――FRP 材料の利用　62
   3.5.3 免震・制震装置を用いた構造物の長寿命化　65
   3.5.4 既存建築物の耐震性能評価と耐震補強　70
3.6 米・英国の学校の環境教育とサステナブルデザイン先進事例の研究 …. 71
   3.6.1 米・英国の学校におけるサステナブルデザインへの取組み　71
   3.6.2 サステナブルデザインとは何か　71
   3.6.3 LEED とは何か　72
   3.6.4 LEED プロジェクトなどにおけるカテゴリーと項目　73
3.7 安心・安全なまちづくり（防災まちづくり）の取組みと環境負荷低減
   ………………………………………………………………………… 81
   3.7.1 研究の背景　81
   3.7.2 防災まちづくりワークショップ　82
   3.7.3 延焼シミュレーションを利用した防災まちづくりワークショップ　82

4. エネルギーから見た生態恒常性工学

4.1 化石資源の有限性 …………………………………………………… 86
4.2 エネルギーの利用形態 ………………………………………………… 87
4.3 エネルギー利用にかかわる基礎 ……………………………………… 89
   4.3.1 エネルギー収支　*89*
   4.3.2 エネルギー変換効率　*90*
   4.3.3 エネルギーの量と質　*92*
   4.3.4 発熱・吸熱反応の熱力学的解釈　*93*
4.4 さまざまなエネルギー変換技術 ……………………………………… 96
   4.4.1 熱機関　*96*
   4.4.2 新たなエネルギー変換技術　*101*
4.5 エネルギー分野における生態恒常性のシナリオ ………………… 110

5. 循環社会システムから見た生態恒常性工学

5.1 物質フローを理解すること ………………………………………… 113
   5.1.1 物質フロー解析について　*113*
   5.1.2 物質フローはどのように推計するのか　*116*
5.2 適正な物質フローを知ること ………………………………………… 119
   5.2.1 人類は物質をいくら消費しているのか　*119*
   5.2.2 適正な物質フローとは —— 脱物質化という考え方　*123*
5.3 適正な循環システムへの取組み ……………………………………… 126
   5.3.1 行政　*127*
   5.3.2 企業　*129*
   5.3.3 市民　*130*
   5.3.4 行政・企業・市民間の情報共有　*131*
5.4 生態恒常性社会へ …………………………………………………… 133
   5.4.1 物質管理　*134*
   5.4.2 情報システム　*134*

6. リサイクル技術から見た生態恒常性工学

6.1 未利用物質の資源化 ………………………………………………… 135
6.2 高温高圧水の特徴 ……………………………………………………… 136
 6.2.1 超臨界流体とは　138
 6.2.2 高温高圧水の物理的特性　141
6.3 高温高圧水を用いた未利用物質の再資源化技術 …………………… 143
 6.3.1 タンパク質系未利用物質からのアミノ酸生成　144
 6.3.2 炭素繊維強化樹脂からの炭素繊維の回収　144
 6.3.3 鋳物成形廃砂の再生処理および改質　146
 6.3.4 アルミニウムドロスの再資源化　147
 6.3.5 余剰汚泥可溶化技術を用いた排水処理プロセスの改善と
　　　　リン資源回収の促進　148
 6.3.6 ポリ乳酸の再資源化促進技術の開発　149
 6.3.7 有機性循環資源からの高品位液体飼料の製造　151
6.4 ま　と　め …………………………………………………………… 153
 6.4.1 高温高圧水を用いた応用技術への提言　153
 6.4.2 今後の展望　157
6.5 お わ り に …………………………………………………………… 158

7. 先端技術から見た生態恒常性工学

7.1 序　　　論 …………………………………………………………… 159
7.2 生物に普遍的な酵素リボヌクレアーゼPにおける環境と進化の研究 …… 160
 7.2.1 酵素リボヌクレアーゼPとは　160
 7.2.2 リボヌクレアーゼPの研究は何に役立つのか　162
7.3 微生物機能を活用した汚染環境修復技術
　　　―― 微生物生態系の解明と活用に向けて ……………………… 163
 7.3.1 環境汚染の現状　163
 7.3.2 微生物を利用した環境浄化技術　164
 7.3.3 バイレメ技術の長所と短所　164

7.3.4　バイレメのさらなる向上に向けて　*165*
7.4　DNA傷害防御機構の解明と環境評価への応用 …………………………… *166*
　　7.4.1　はじめに　*166*
　　7.4.2　未解明なDNA傷害防御機構の解明　*167*
　　7.4.3　新規生体有害性検出評価法に関する研究　*168*
　　7.4.4　おわりに　*170*
7.5　生分解性高分子材料による環境負荷の低減 …………………………………… *170*
　　7.5.1　生分解性高分子材料はなぜ必要か　*170*
　　7.5.2　定　　　義　*171*
　　7.5.3　構　　　造　*173*
　　7.5.4　ま　と　め　*174*
7.6　水質浄化技術（膜分離法） ………………………………………………………… *174*
　　7.6.1　はじめに　*174*
　　7.6.2　膜ろ過法の分類　*174*
　　7.6.3　溶質分離機構　*175*
　　7.6.4　膜ろ過と生物学的排水処理の組合せ（膜分離バイオリアクター）　*176*
7.7　静電気的手法を用いた空気浄化技術 …………………………………………… *177*
　　7.7.1　はじめに　*177*
　　7.7.2　放電プラズマの発生　*178*
　　7.7.3　放電プラズマを用いた窒素酸化物の除去　*179*
　　7.7.4　おわりに　*180*
7.8　静電気的手法を用いた生体高分子の操作・反応・解析技術の開発 …… *181*
　　7.8.1　はじめに　*181*
　　7.8.2　顕微鏡視野内での1分子DNAの物理操作・反応制御　*182*
　　7.8.3　おわりに　*184*
7.9　超高感度SQUID磁気センサを用いた環境計測応用の進展 ……………… *184*
　　7.9.1　はじめに　*184*
　　7.9.2　食品内異物検査装置の現状　*184*
　　7.9.3　検査装置の原理　*185*
　　7.9.4　検査装置および試験結果　*185*
　　7.9.5　ま　と　め　*187*

引用・参考文献 ……………………………………………………………………………… *188*
索　　　引 …………………………………………………………………………………… *196*

1

未来社会を拓く鍵 ── 生態恒常性工学へ

　われわれが住むこの地球上の未来社会は，どうなっていくのであろうか。また，われわれの子供や孫はどのような環境で，どのような生活をすることになるのであろうか。

　地球の気候変動と温暖化，資源・エネルギーの枯渇，大量の廃棄物，環境生態系の破壊，化学物質の氾濫など，さまざまな問題に人類は直面しており，これらの解決なしには明るい未来社会を想像することは不可能である。60億人を超える規模までに発展した人類は，その発展過程で多様な技術・システムを開発・活用してきたが，いま，人類ははじめて地球の容量，すなわち資源・エネルギー，そして環境生態系の有限性に直面しており，われわれは，地球の有限な容量の中での持続可能社会の実現に向けて，その英知を結集しながら，かつて経験したことのない新たな取組みを始めなければならない。

　まず，地球の容量と人間活動のバランスを考えてみよう。地球の容量として石油・石炭などの化石資源，産業の血となり骨となる鉱物資源，食糧生産を支える耕地面積などが挙げられる。われわれ人類はこれらを利用しながら，その活動に必要な機能を獲得している。しかし，資源・エネルギーの逼迫は現実の問題となりつつあり，大幅な環境負荷低減も求められている。

　さて，人間活動の維持にはどのような機能が必要であろうか。われわれの現在のライフスタイルは本当に必要であろうか。生命体の維持に加えて，どれほどの機能が入手できれば，人類は quality of life，すなわち生活の質を実感できるのであろうか。そのためには，いったいどれほどの資源量，環境容量が必要なのであろうか。

限られた地球の容量の中で，新しいパラダイム（規範）に基づく人間活動に対して，過不足ない機能の提供を実現できる社会システムの構築が不可欠であり，そのための技術・システムの開発に加えて，持続可能社会の実現に貢献できるか否かの評価手法の確立が求められている．あわせて，分野融合的・総合的な視点から，持続可能な人間活動を実現するための考え方や未来社会のビジョンが具体的に明示されなければならない．

1.1　持続社会のために取り組むべき課題

環境分野における従来の対応は，排出された排水，排ガス，廃棄物などをいかに処理するかという end-of-pipe 型であった．もちろん，end-of-pipe 型の対応が不要になるわけではないが，社会を取り巻く状況が変化しても持続可能な未来社会を実現するためには，生産プロセスや社会構造にまでさかのぼり，人間活動に対する機能提供に伴う物質・エネルギーフローと環境負荷の発生過程をまず明らかにする必要があろう．その上で，人間活動に必要な機能を提供するための生産プロセスや社会システムにおいて，資源・エネルギー消費および環境負荷低減を優先して実現できる物質循環システムの設計・評価の手法を確立することとなる．健全な物質循環を基盤とした社会システムの実現には，加えて，人間活動に起因する環境インパクトを的確に検出・評価するための技術・システムも必要となる．

21 世紀 COE プログラム「未来社会の生態恒常性工学」では，健全な物質循環を基盤とした未来社会実現のためのコアとなる以下の研究課題に取り組んできた．

1) 物質・エネルギーフローに基づく健全な物質循環ネットワークの構築

地域や国など多様なスケール，着目する産業間などでの物資・エネルギーフロー，資源・エネルギーの消費状況，環境負荷とそのインパクトなどを評価・診断する方法に加えて，資源消費削減と環境負荷低減を指標とした地域内や産業間における物質循環ネットワークを設計する手法とその

導入効果の定量的評価が必要である。

2) 汚染物質の環境影響評価のための技術開発および環境中での挙動の解析

環境汚染物質は多岐にわたっており，それらの挙動は，気圏・水圏・地圏を通して把握し，環境生態系に対するインパクトを総合して評価することにより，適切な物質管理や対策技術の導入へとつなぐことができる。この汚染物質の挙動把握には，生命科学と電子・情報技術を融合した高感度センサの開発，環境インパクトを予測するための情報データベース，環境生態モデルによるシミュレーション技術などが求められている。

3) 健全な物質循環を担う生産・リサイクル技術および汚染除去・修復技術の開発と評価

工業製品・建設構造物を介した人間活動に対する機能提供過程において排出される二酸化炭素を含む環境負荷の排出低減，汚染環境の修復，再資源化の新規技術およびシステムの開発とその評価が求められている。ライフサイクル全般を通して健全な物質循環を支えるシステムの確立が急務である。例えば，利用拡大が急速に進むと思われる素材のアップグレードを含む新規リサイクル技術の開発や，電気的・化学的手法と融合した生物機能による汚染除去・環境修復技術・システムの開発などが期待されている。

1.2 未来社会の姿

持続可能な資源として太陽光，風力，水力，バイオマスなどが注目されているものの，これらは低密度かつ局在化しており，化石資源の代替とはなりえないであろう。地球上の限られた資源量をいかに賢く利用して，必要な機能を提供できる未来社会を実現することが目標となる。

人間活動に対する機能の提供を継続しながら資源・エネルギーの消費を抑え，かつ環境負荷を低減する方法を挙げてみよう。

循環量を増大させることによって枯渇が懸念される資源の供給減少を補うこ

とがまず考えられる。

　つぎは，われわれが必要とする機能を提供するための工業製品の生産や社会インフラの建設における資源変換効率を高めることである。提供可能な機能を維持しつつ，資源・エネルギー消費と環境負荷をどこまで低減できるのかが課題であり，リサイクルがこの観点で優れていれば，物質循環ネットワークの確立や，高効率の生産プロセスの開発が求められる。

　最後は，必要とする機能を見直すことである。人間活動はどこまでの利便性を求めるべきであり，どのような機能の提供が妥当か，哲学と倫理観に基づく新たなパラダイムの確立が課題となる。パラダイムに基づく新しいライフスタイルの確立・普及が求められる。

1.3　われわれの克服すべき課題

　1.1節で述べたように，生活の質と持続性の向上を可能にする未来社会を形成するためには

① 多様なスケールの地域や産業間での物資・エネルギーフローの解析に基づく健全な物質循環ネットワークの設計および評価手法の確立

② 汚染物質の環境インパクト評価のための新規技術の開発および環境中での挙動の解析

③ ライフサイクルにおける資源・エネルギー消費削減と環境負荷低減のための生産，維持管理，リサイクルなどにおける技術および汚染物質除去・修復技術の開発

などが必要である。これらの具体的な研究は，以下のようにブレイクダウンすることによって進められている（詳細は次章以降で述べる）。

1)　食の環境性

　　　人間生活に欠かせない衣食住のうち食は最も重要であり，われわれはスーパーに行けば1年を通してあらゆる食料が手に入る生活を享受している。しかし，日本の食料自給率はカロリーベースで40％以下にまで落ち

込んでおり，海外から多量の食料輸入に伴う環境負荷に加えて，日本国内の遠隔地からの食料輸送時に伴う環境負荷も無視できない深刻な問題である．大量に投入される化学肥料製造のための環境負荷，旬とはかかわりなく作物を促成栽培するためのビニルハウスなどに伴う環境負荷，大量の食品廃棄物など食に伴う環境負荷は無視できないレベルに達している．

2) 構造物の長寿命化と低環境負荷社会システムの構築

建設系廃棄物は産業廃棄物の中では汚泥についで大量に排出されている．この削減には構造物の長寿命化を促進する高強度化と適切なメンテナンスが必要であり，センシング技術の導入によるメンテナンスの最適化が期待される．軽量化・高強度化・長寿命化を目指した炭素繊維・強化コンクリートなどの選択と構造設計，モニタリング手法の開発に加えて，間伐材など木質系の未利用素材を有効活用する技術の開発も環境負荷の低減に貢献できる．

3) 未来型エネルギー変換技術・システム開発と大気環境評価・保全の手法

良質な化石燃料の枯渇に伴う低品位化石燃料やバイオマス利用の増加に対応するエネルギー変換技術・システムの開発は未来社会には不可欠である．低品位化石燃料とバイオマスの混焼技術の開発は，途上国での自前のエネルギー利用を促進し，世界的な化石燃料消費の削減に貢献できる．あわせて，低品位化石燃料を使用することによる環境負荷を低減するための燃焼および汚染制御技術の開発に加えて，気圏・水圏・土圏での汚染拡散などの評価を行うシミュレーション手法の確立も求められる．

4) 物質循環ネットワークの導入による資源消費削減と環境負荷低減

多様な統計情報および収集データをもとに物質フロー解析（material flow analysis, MFA）手法を確立し，地域内や産業間でのMFAの結果に基づいて，問題点の抽出を行うとともに，資源・エネルギー消費と環境負荷を指標とした物質循環ネットワーク設計を行う．新たな物質循環の導入がもたらす効果を環境インパクト連関解析によって明らかにするとともに，未来社会において予想される資源・エネルギー，環境にかかわる制約条件

との乖離を評価し，ネットワーク設計にフィードバックしながら未来社会像の提示につなげる（**図 1.1**）。

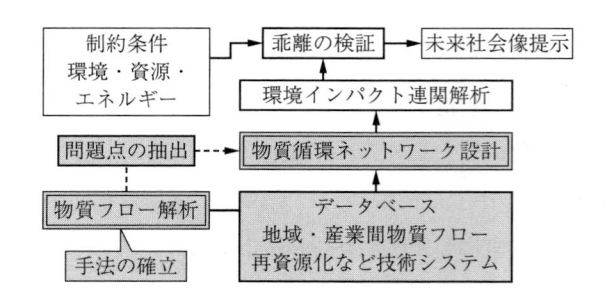

図 1.1 循環ネットワーク設計と環境インパクト連関解析

5) アップグレードリサイクル技術と環境材料の開発

　MFAにより材料の利用と排出のトレンドを解明し，未来社会における利用拡大が予想される素材に対して，リサイクルの必要性を明らかにするとともに，アップグレードを伴う適切なリサイクル技術の開発を推進する。例えば利用が急増している炭素繊維樹脂やポリ乳酸に対して，高温高圧水反応を利用したリサイクル技術の開発と並行して，リサイクルによる効果の LCA（life cycle assessment）手法による評価を行う。

6) 汚染の制御，モニタリングと修復技術の開発

・静電気技術，高電圧による放電技術を活用して，従来の手法では対応が困難であった汚染物質の気相および液相中での分解・除去を担う新規技術の開発を行う。

・生態系の機能を活用して環境汚染修復技術の開発と維持管理を行う。遺伝子工学，生化学手法などを活用した微生物群集構造とその動態に加え，特定の機能を有する種を追跡する手法を開発し，汚染環境の修復や難分解性塩素化有機物などの除去のための最適な管理手法を確立する。

・高感度化と簡易化を目指して，超高感度磁気センサによるリサイクル対象品や食品などからの微小異物検出，窒素・リン・農薬などの検知管やクロマトグラフによる簡易分析方法を確立する。あわせて，人工培養心筋と磁気センサを結合した化学物質の検出技術の開発に取り組む。

1.4　未来社会の恒常性工学へ

本章では，限られた資源・エネルギーを有効に活用しながら，持続可能な未来社会の実現に貢献することを目的として，21世紀COEプログラムのもとで実施してきた先端的な技術・システムについて，その必要性を含めて簡単に紹介してきた。

気温や湿度が変化しても，ベジタリアンでも肉を好む人も，体温はほぼ一定に維持され，同じように機能し，社会での役割を担っている。これが生体の恒常性，ホメオスタシスである。未来の社会を取り巻く状況が大きく変化して資源・エネルギーの供給が大幅に減少しても，環境負荷を大幅に削減しなければならない状況に遭遇しても，人間活動に必要な機能を過不足なく提供できる社会を，人類は実現しておきたいものである。

人間活動を支える機能を提供する産業の生態，人間活動の場となる都市や社会の生態，そして人間活動を取り囲みその影響を被る環境の生態，未来社会において，これら生態の恒常性を実現するために創生が必要な工学的な手法の集成として生態恒常性工学が確立されるべきであり，当COEプログラムではそれに挑戦している（**図1.2**）。

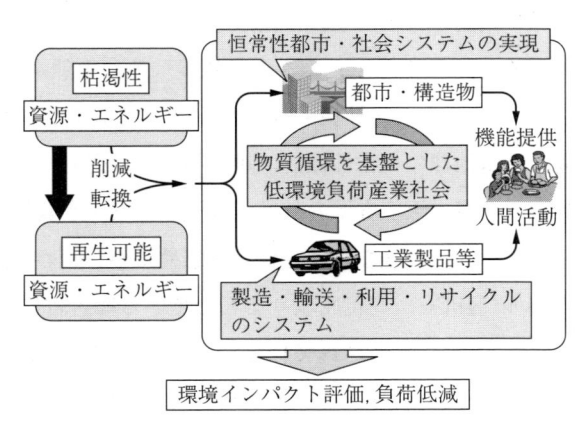

図1.2　「未来社会の生態恒常性工学」の概要

2

食から見た生態恒常性工学

　本来生き物は，自らを健全に維持しようとする恒常性機能をあわせもっている。例えば，人は体内に侵入したウイルスやばい菌に対して抗体を生みだし健全な体を維持しようとする。これも恒常性機能の一つである。このような恒常性機能はより広い範囲の生態系においても存在する。川に落ちた葉や動物の死骸は，水中や川底の微生物によって分解される。分解された有機物は無機物となり水中や土中に溶け込み，それを植物が吸収し生長する。そして，その植物を動物が食べ成長し，その動物が死ねばまた微生物が分解し土や水に還ってゆく。この無限に続く連鎖システムこそ，生態系がもつ究極の恒常性機能といえるのではないだろうか。

　最近，持続可能な社会という言葉をよく耳にするようになった。地球の許容範囲を超えた開発は人間を含めた生物の住む環境の悪化を招き，いずれは破綻してしまう。地球を一つの生態系とみなし（以後，地球生態系），その流れに背かず地球と共存してこそ人間社会も存続が可能（持続可能）である。しかし，近年，人間社会は地球の恒常性機能に対し明らかに逆らってきた。森林伐採，化石燃料の大量消費，天然資源の乱獲，大気・土壌・水質汚染など，これまで長年積み重ねてできた複雑な地球生態系を急激に壊し始めた。気候変動に関する政府間パネル（IPCC）が現在取りまとめている報告書によると，20世紀中に気温が0.74℃上昇したとされている。そしてその気温はいまも上昇し続け，今世紀末には平均で約4.0℃（2.4〜6.4℃）上昇するとの予測もある[1]。

　この状況を地球生態系の視点から見てみると，人間社会は体内に繁殖したウ

イルスのように映っているのかもしれない。人体はウイルスが侵入するとその恒常性機能が働き体温を上げウイルスを撃退しようとする。いま，われわれが直面している地球温暖化も，地球の恒常性機能が働き地球温度を上げ人間社会を縮小させようとしているようにも見える。

このような状況に至った原因のもとをたどると，ほとんどが人間の欲求に行き着く。夜でも明るい部屋，冬でも暖かい部屋，遠くまで早く移動したい等々人間の欲求は尽きることがない。中でもおいしいものをたくさん食べたいという食欲は人間の三大欲求の一つであり，人間社会の方向性を決める重要なファクターであるといえよう。社会を構成する「人」は食物を摂取しなければ生命の営みを維持することができない。この食物の供給システム（以後，食システム）は人（社会）に十分な食物を提供する重要な役割を担っている。わが国においては，世界中の多種多様な食材を豊富に手に入れることができ，この食システムの機能は何の問題もなく健全に働いているかのように見える。しかし，環境という視点から改めてこの食システムを見てみるとさまざまな問題点が浮彫りになってくる。

本章では，食と環境という視点から食システムがいま抱えている問題点を明らかにするとともに，地球生態系と共存しその生態恒常性を損なわない健全な食システムのあり方について紹介・提案していきたい。

2.1　食と環境の現状

2.1.1　概　　説

人間と食のかかわりを大きく分けると食物の生産，流通，消費，廃棄に分けられる。

例えば米の生産では，種苗の育成・田植え，肥料作成・散布，農薬作成・散布，水，光熱エネルギーが投入される。その投入エネルギーの経年変化を見てみると（**図 2.1**），1950年から1974年の間に約5倍にもなっており，年々投入エネルギーは増加している[2]。そこには，農業の近代化に伴う機械の導入

2. 食から見た生態恒常性工学

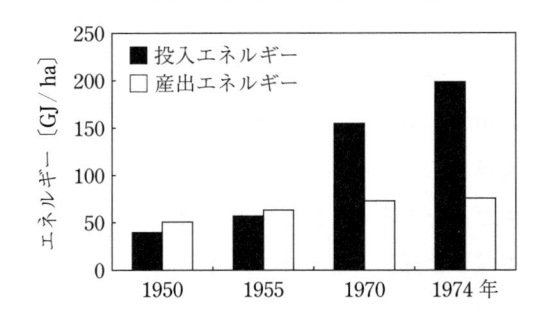

産出エネルギー：収穫された米を
エネルギー換算したもの

図 2.1 わが国の水稲栽培の投入・産出エネルギーの経年変化

（燃料増加）の影響，農薬・肥料の使用の増加などの要因が挙げられる。

また，現在わが国では世界中のさまざまな食材を簡単に手に入れることができる一方で，国内で生産できる食材までも海外産が目立つようになってきた。**図 2.2** を見ると野菜，魚介類，肉類，果実類の自給率が軒並み減少しているのがわかる[3]。しかし，世界人口が増加し，中国やインドをはじめとした発展途上国がこのまま経済発展してゆけば，近い将来世界的な食料不足に陥る。そ

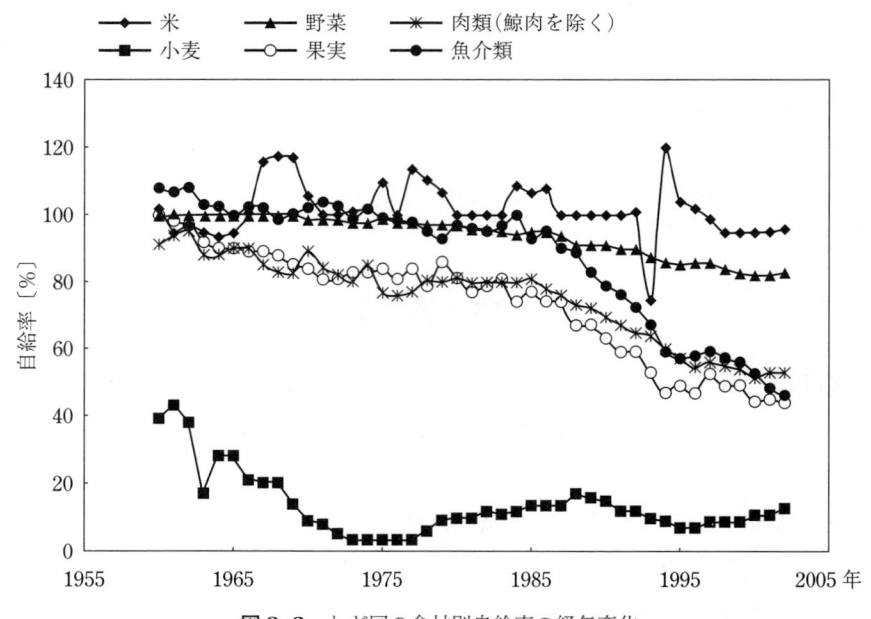

図 2.2 わが国の食材別自給率の経年変化

うなると輸入に頼っているわが国では食べ物の確保という恒常性の最も基本的なところが崩れてしまう。生態系と一体化した農地や漁場を復活させるには膨大な時間，労力，費用が必要であり，輸入が困難になってからの対応では手遅れとなってしまう。

農林水産省では，「食料・農業・農村基本計画」の中で自給率の上昇を重要項目として挙げているが，自給率は下がる一方なのが現状である。そして，輸入の増加は輸送距離の増加であり，輸送距離の増加はエネルギーの増加である。例えばわれわれの試算によると，サケの輸送を国内と海外とで比べると，おもな国内産地の北海道から東京への輸送によって排出されるCO_2（二酸化炭素）は $12\,g\text{-}CO_2/100\,g$ であるのに対して，おもな輸入国のチリから東京への輸送には $54\,g\text{-}CO_2/100\,g$ と約4.5倍ものエネルギーがかかる。

また，家庭で購入された食材が食卓に並ぶまでには，なんらかの調理を施す。そのためには，ガスや電気などのエネルギーが消費される。特に戦後以降家庭での便利さを追求した結果，それらのエネルギーへの依存度が高くなったことで化石燃料への依存度も高まり，環境負荷は非常に大きくなった。それ以前では，植物由来のバイオマス（薪や炭など）の利用によってCO_2の排出量を少なく抑えることができていた。植物由来のバイオマスは，近い過去の空気中のCO_2を吸収・固定して生長しているので，それを燃やしても吸収したCO_2が空気中に再度放出されるだけで，環境負荷は増えないと考えることができるからである。

このように食のあり方と環境は密接に関係しており，食物の生産システム，輸送システム，そしてわれわれの食生活の変化が環境負荷低減の重要なファクターであることがわかる。以下にその詳しい関係性と諸問題への取組みを紹介する。

2.1.2 生産と環境

〔1〕 農業の移り変わりと環境

江戸時代の農業は徹底した物質循環の上に成り立ったものであった。人の糞

尿だけでなく落ち葉や食品廃材などさまざまなものを堆肥化し土地に投入することで，地力の維持に努めていた。また，田畑を耕すために飼っていた牛や馬の糞尿もまた，堆肥化し田畑に投入していた。しかし高度経済成長期の昭和30年代に耕運機などの農業機械や農薬・化学肥料が急速に広まり，農業のスタイルも大きく変化した。

まず，農業機械の普及により動力エネルギーとしての化石燃料消費が多くなり，その結果，現在の水稲栽培に投入するエネルギーを1とすると，生産物として得られる食料のエネルギーは0.4にすぎず，エネルギー的に見て赤字である。人力のみで陸稲栽培を行う焼畑農業でのこの数値が10を超えることからも，わが国の現代農業のエネルギー消費量の多さが見て取れる[4]。

また，農業の商業化の進行により，それまで複数の作物を栽培していた農地が単作化するとともに，化学肥料を大量に投入するようになった。その結果，土壌中の生物種類が減り，生態系が不安定化し，病虫害の危険性が増した。そのため農薬が必要となり，その結果さらに土壌の生態系が不安定になるという悪循環に陥ってしまい，日本の農地はいま，劣悪化の一途をたどっている。

さらに，近年の水田における化学肥料の多用および効率化を目的とした用排水分離などの基盤整備事業により，肥料成分である窒素やリンなどが流出し，周辺水域の富栄養化などの水質汚染の原因となっている。また，農薬による水質汚染や畑地における過度の化学肥料や堆肥による地下水汚染など，わが国の農業はさまざまな問題を抱えている。

〔2〕 **環境保全型農業**

このような諸問題に対して，近年，有機農業，環境保全型農業といったものが農林水産省をはじめさまざまなところで推進されている。その一環として国は，平成11年に「持続農業法」を制定し，土づくりと化学肥料・化学合成農薬の使用低減に一体的に取り組む農業者をエコファーマーとして認定し支援している。その中で農林水産省は，「農業の持つ物質循環機能を生かし，生産性との調和などに留意しつつ，土づくりなどを通じて化学肥料，農薬の使用などによる環境負荷の軽減に配慮した持続的な農業」として環境保全型農業を定義

している。

　本来，農林水産業は自然に順応する形で働きかけ，上手に利用し，循環を促進することによってその恵みを享受する生産活動であり，日本の自然条件に合わせた持続的な営みが期待されるものである。また，水田などの農地や牧草地は希少な野生動植物をはじめとする生き物たちの住みかとして，生態系を保全する上で重要な役割を果たしている。さらに農産物や木材を生産するだけではなく，雨水を蓄え，浄化し，河川への急速な流入を抑制するなど，水源のかん養や災害防止の役割も果たしており，漁業の場である沿岸海域の藻場や干潟は，海藻や貝類などの生息生物が水を浄化する働きをしている。

　このように農林水産業は，生態系の恒常性機能の役割を担うことができ，他の産業とは違った特殊な性質をもっている。環境保全型農業は，資源循環を基礎とする地域の伝統的な農法の再評価と環境負荷の軽減を可能とする新たな技術との組合せが出発点となっており，環境保全と生産力を両立させるため，堆肥などの利用による土づくりの実践，合理的な輪作体系の導入，耕作と畜産との連携などによる有機性資源の循環により，持続性の高い農業生産の確立を目指している。

　このような中，琵琶湖の水質保全を目指す「クリーン・アンド・リサイクリング農業（現在の環境保全型農業）」を展開している滋賀県の湖東町地域では，地域ぐるみの取組みで成功している。それは用排水分離，川の堤防のコンクリート化に伴う自然浄化作用の減少などがこの地域を流れる河川の水質汚濁の原因の一つであったことを認識した農家が，水質保全のための取組みを始めたことが契機となった。現在は地域ぐるみで土づくり，側条施肥，緩効性肥料の使用，濁水の反復利用，転作田での濁水浄化などの用排水の水管理や作業体系の改善などが積極的に行われている[5]。この取組みは，環境保全だけでなく生産過程における効率性の向上にもつながった。

　このように農業経営上のメリットや地域振興と結びつくことが環境保全型農業を推進する上で重要と考えられる。ほかにも最近では肥効調節型肥料や，天敵・フェロモンなどの自然生態系の営みを生かした新しい農法（アイガモ農法

など）の利用が進んでいる。

〔3〕 **漁業のための植林**

近年，北海道や青森を中心に海の砂漠化といわれる「磯焼け」による被害が深刻化している。この磯焼けは石灰藻が岩礁などを覆ってしまいほかの海藻が育たなくなる状態である。コンブなどの大型海藻群落は海の森であり，それら海藻が育たなければそこの生態系が崩壊し，ノリやカキなどの養殖業が壊滅的なダメージを受けてしまう。

また，沿岸土壌の海への流出も深刻な生態系破壊を引き起こす。北海道の襟裳岬は昭和20年代に，土砂（赤土）が海に流れ込み生態系が崩壊し，魚介類の水揚げが激減した。これら石灰藻の繁殖や土壌流出は沿岸の森林地帯の消失が原因である。森林は河川を通してこの石灰藻の繁殖を抑える物質や海中のプランクトンのえさなどを供給し，さらに土壌を固定化し流出を抑える。

このように漁場は海だけでなく，陸地も含んだ大きな生態系に育まれている。現在，襟裳岬では漁業関係者，住民が一体となって陸に木を植え続けることで漁場の復活に成功している。昆布や魚介類の水揚げは伸び，若者も町にとどまり活気が戻った。最近では全国各地で漁場復活のための植林が活発に行われるようになっている[6]。

2.1.3 輸送と環境

近年，スーパーなどで海外産の肉，魚，野菜，果物などをよく目にするが，日本国内で海外産の食材はどのくらい流通しているのであろうか。**図2.3**は

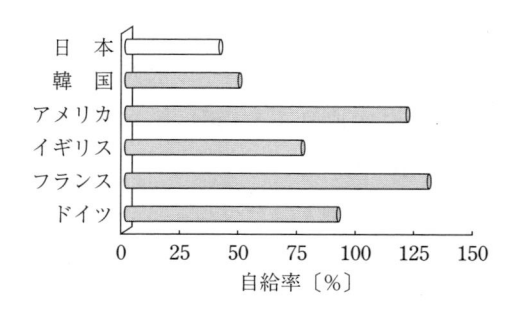

図2.3 各国の食料自給率

各国の食料自給率を表しており，日本は約40％と先進国の中では最低水準にある[7]。つまりわが国で流通している食材の6割は海外産である。これだけ輸入に頼っているということは，輸送にかかるエネルギーも多く消費していることになる。

それをわかりやすく示したのが**図2.4**である。この図には各国の食材輸送におけるフードマイレージ（フードマイル）が円柱で表されている。フードマイレージとは，食材の輸入距離×輸入重量で表される指標で，自給率では表せない距離の概念を含み，長距離輸送を経た大量の輸入食糧に支えられているわが国の現状を端的に表すのに有効である[8]。

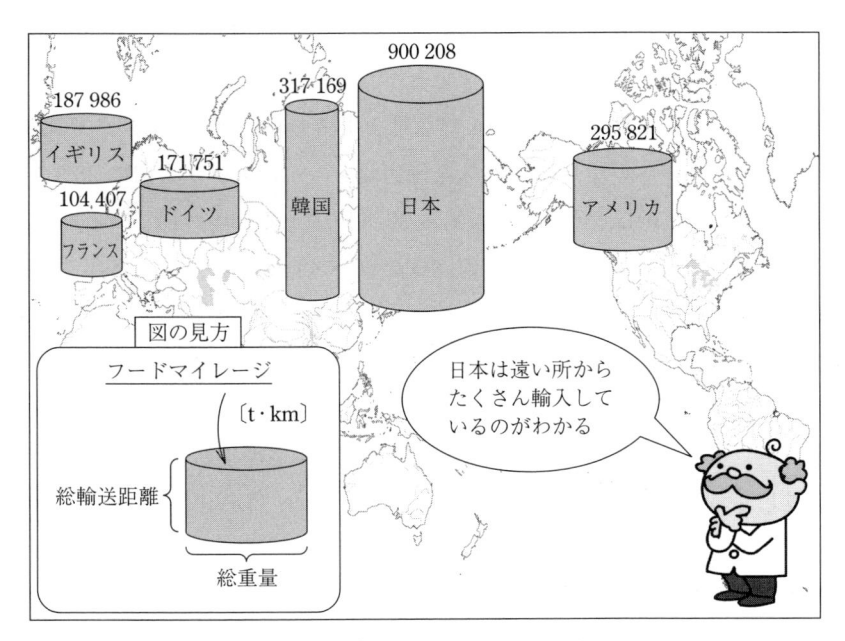

図2.4 各国のフードマイレージ

この図を見るとわかるとおり，わが国は輸入総量そして輸入総距離ともに大きく，フードマイレージが世界一高くなっている。また，国民一人当りのフードマイレージを見ても，日本が約7 100 t・km／人で第1位となる。われわれが，いつでもエクアドル産のバナナやオーストラリア産の牛肉などさまざまな国の

食材を手に入れる便利さを享受している一方で，これだけ多くのエネルギーが消費されているのである。これだけ多い輸送エネルギーを削減するには，それら食材を国内もしくはできるだけ近くで生産するか，その食材を食べないかしかない。しかし，食材輸送にかかるエネルギーが必ずしも価格に反映するとはいえず，遠くで生産されてもその国の人件費，設備投資費などが低ければ価格も安くなる。多くの人が食材を買うときに最も重視するのは食材の質と価格なので，遠くても安く済む食材をどんどん国内に取り入れ続けた結果，現在のわが国の外国依存型食供給システムができ上がってしまった。

最近ロハス（LOHAS）という言葉とともにエコロジーな生活スタイルが雑誌などで取り上げられ書籍もたくさん出版されている。LOHAS とは life styles of health and sustainability の頭文字をとった略語で，1990 年代の後半にアメリカで生まれた健康と環境，持続可能な社会生活を心がける生活スタイルのことである。現在アメリカではロハスな価値観をもった人々が人口の 26 % にあたる 5 000 万人存在し，その消費市場も 30 兆円に上るといわれている[9]。これによりアメリカではエコロジーに前向きなロハス企業が躍進し，毎年 20 % 以上も成長している。このようにロハスの価値観をもった消費者一人ひとりの心がけの積重ねは，企業や社会を環境志向に変えるだけの影響力がある。遠くの国で作られた安い野菜を買う代わりに国内産の野菜を買うことも環境に優しい行動の一つである。こういった日常の行動の変化が低環境負荷型の食システムを形成していくのである。

2.1.4　消費・廃棄と環境
〔1〕　食生活とエネルギー消費

京都議定書では，2012 年までに，1990 年時の温室効果ガス排出量に比べて 6 % 削減することを目標としている。しかしわが国の 2005 年のエネルギー消費量は 1990 年に比べて，産業部門で 0.7 %，運輸部門で 17.9 %，民生部門では 40.8 % も逆に増えているのが現状である[10]。わが国の民生部門エネルギー消費量に占める食に関するエネルギー消費量は 27.4 % となっており，そのう

ち調理器具36％，冷蔵庫35％と高い値を示している[11]。

　近年，家庭内でできる環境負荷低減の方法に関する書籍や記事をよく目にするようになった。例えば，財団法人省エネルギーセンターが出している「家庭の省エネ大辞典」[25]では，エアコン，テレビ，冷蔵庫など家庭内でできるさまざまな省エネの方法をわかりやすく説明している。それによると，ガスこんろでは鍋を火にかけるときは火が鍋底からはみ出ないようにする，鍋を火にかける前に鍋底の水滴をふく，冷蔵庫には物を詰めすぎない，無駄な開閉はしない，開けている時間を短くすることなどによって，大きな省エネ効果を生むだけでなく経済的にも節約できるとある。そのほかにも煮物の下ごしらえを電子レンジでする，食器洗い器ではまとめ洗いをするなどいろいろある（**図2.5**）。

一工夫で環境負荷を減らそう

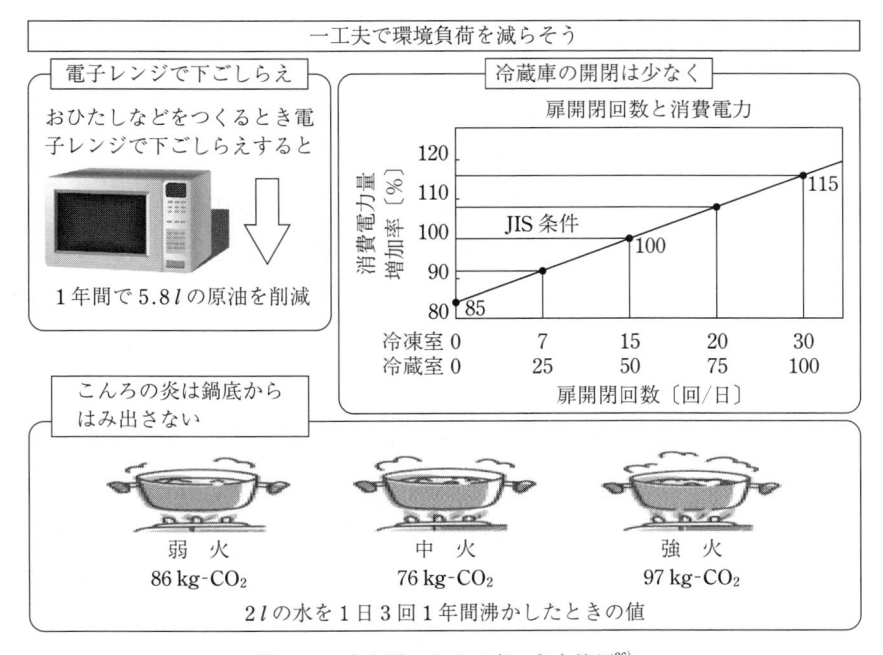

電子レンジで下ごしらえ
おひたしなどをつくるとき電子レンジで下ごしらえすると
1年間で5.8 l の原油を削減

冷蔵庫の開閉は少なく
扉開閉回数と消費電力

| 冷凍室 | 0 | 7 | 15 | 20 | 30 |
| 冷蔵室 | 0 | 25 | 50 | 75 | 100 |

消費電力量増加率〔％〕：85，90，100（JIS条件），107，115
扉開閉回数〔回/日〕

こんろの炎は鍋底からはみ出さない

弱火　86 kg-CO_2　　中火　76 kg-CO_2　　強火　97 kg-CO_2
2 l の水を1日3回1年間沸かしたときの値

図2.5 食生活における省エネ方策例[26]

　また，環境省ではエコファミリーというシステムをつくり，そこに登録した家庭は家庭内でエコロジーを実行するとエコポイントを獲得でき，そのランキ

ングをホームページ上で見ることができる仕組みになっている。また，そのシステムに登録した家庭は，エコ度を診断するチェックシステムや，毎月の家庭の環境負荷を家計の収支計算のように行う環境家計簿も簡単に利用できるようになる。環境家計簿は環境省だけでなく自治体やNPO法人などでも積極的に取り組んでいるもので，家庭での消費電力やガス消費量などの料金支払い明細などから，家庭がその月に排出した環境負荷量（CO_2 など）を明らかにすることで，ふだんの生活と地球環境問題との関係性を自覚し，環境負荷を減らす努力を促す効果が期待されている。

現在，温室効果ガスの排出内訳を見てみると，一般家庭から排出される CO_2 は全体の約13％，残りの87％は産業・運輸・エネルギー部門などから排出されている[12]。しかしすべての活動はもとをたどればわれわれがふだん消費するための財・サービスを生産するために行われているのである。例えば，今日食べるごはんのお米をつくるには田んぼをまず耕さなくてはいけない。耕すには耕運機を使用するが，その耕運機は工場でつくられ，その材料の鉄は製鉄所でつくられるのである。このような産業活動にも当然エネルギーは消費されるし，それら産業間の輸送などにも多くのエネルギーが使われる。このように，家庭における消費行動が社会全体の環境負荷の低減に与える影響は大きいことがわかる。

また，同じ食材でも，真冬に温室栽培トマトを買うのと夏（トマトの収穫季）に露地栽培トマトを買うのでは，地球に与える環境負荷が大きく違う。温室栽培トマトは露地栽培に比べてなんと約4倍ものエネルギーを消費する[13]。冬にトマトを食べられるという価値と引換えに，多くの環境負荷を地球に与えているのである。季節の食材をその季節に食べることを「旬産旬消」といい，おいしい，栄養価が高いなどの利点が知られているが，さらに，環境負荷を抑える働きもある。

また，その土地で作られた作物をその土地で食べるいわゆる「地産地消」は，生産者の顔が見えることから食の安心・安全という面で推奨されているが，これも，作物を運ぶエネルギーが少なくなることから，環境負荷低減には

非常に効果的である。

2.1.3項にも述べたが，いまある食システムは，われわれ消費者が日々何を買うかによってその形が決定される。環境負荷の大きい食材でも消費者が買えばそれは供給し続けられ，地球は痛め続けられるであろう。そして，こういうときの国や自治体の環境問題への対応はさまざまな理由からどうしても後手に回ってしまう。前述した CO_2 排出量が全然減っていないのがよい例である。したがって，この危機的な地球環境問題はわれわれ消費者が先導的に解決してゆかなくてはならない。

〔2〕 **食生活と廃棄物**

わが国では食べ残しや手付かずで捨てられてしまう「食品ロス」が大量に発生している。**図 2.6** には，食料供給量と栄養摂取量との開きが示されている[14]。この食料供給量と栄養摂取量の差が捨てられていることになる。そしてこの食品ロスは，食品廃棄物が増えるだけでなく，食材の生産や輸送時に消費するエネルギーも無駄になる。

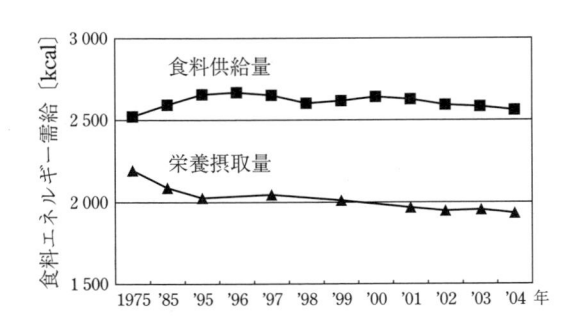

図 2.6 日本の食料供給量と栄養摂取量との開き

一般廃棄物に占める生ごみの割合は湿重量ベースにして約 40 % と高く，廃棄物の収集運搬，中間処理，最終処分にも大きな影響を与えている。また生ごみは水分を多く含んでいるために，焼却処分する際に燃焼温度が上がりにくくダイオキシン類を発生するなどの問題を併発する。平成 13 年度から食品リサイクル法が施行され，食品製造業，食品流通業，飲食店業などから出される生ごみは，必要量の確保が容易なこととその組成が一定であることなどからその対象となっており，堆肥化，飼料化，油脂の抽出など再利用が進められてい

る。しかしながら一般家庭から排出されている生ごみは，食品廃棄物の中で最も排出量が多いにもかかわらず（**図2.7**），広域的に少量ずつ出されることや，その組成が複雑であることなどから再生利用が進んでおらず，そのほとんどが焼却したのち埋立て処分されている。

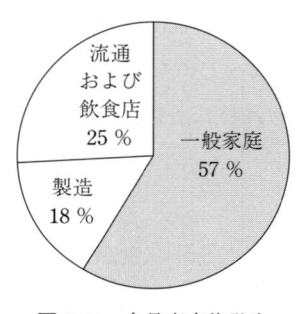

図2.7 食品廃棄物発生源割合[15]

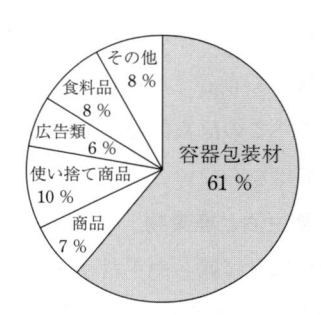

図2.8 一般廃棄物の容積比[16]

また，コンビニエンスストアや外食産業の台頭をはじめわが国の食生活は多様化し，食を取り巻く環境も大きく変化した結果，機能性に優れた容器包装材がつぎつぎに誕生し，プラスチックごみが急激に増加した。食料品をはじめとした容器包装廃棄物は一般廃棄物の中でも容積比にしておよそ6割を占めており（**図2.8**），廃棄物処理そのものに影響を与えているだけでなく，嵩が大きいために収集・運搬などさまざまな工程で大きな負担となっている。

平成12年にペットボトル以外のプラスチック製容器包装が対象品目として加えられた容器包装リサイクル法が全面施行され，容器包装廃棄物の再資源化への取組みが進められているが，プラスチック製容器包装廃棄物においてマテリアルリサイクルが可能なものは，発泡トレー，ペットボトルなど内容物を洗浄しやすく，樹脂別に容易に分別回収できるものに限られており，そのほかのプラスチック製容器包装廃棄物に関しては，樹脂別回収が困難であることや内容物による汚れやにおいが残ることなどの諸問題があり，大部分が埋立て処分や焼却処分されているのが現状である。

このように家庭から排出されるごみは，再利用が難しいだけでなくその処理

にも難点が多いことから，いかに各家庭から排出される量を抑えるかが最も効果的な対策といえよう。

2.2　食の生態恒常性に関する研究

2.2.1　旬産旬消による環境負荷低減

旬産旬消とは旬の食材を旬の時期に食べようというもので，旬の食材は栄養価が高いことや味がよいことなどが知られている。そして，旬産旬消にはもう一つ環境負荷を減らすという効果がある。夏が旬の野菜を冬に食べようとすれば温室栽培が必要となり，その温室栽培にかかるエネルギーは露地栽培に比べて数倍にもなる。ここでは，野菜の旬産旬消によって生産エネルギーがどれだけ削減されるのかを紹介する。

〔1〕　季節ごとの生産による CO_2 排出量の算出方法

生産エネルギーとは，① 種苗，② 肥料，③ 農薬，④ 諸材料，⑤ 水利，⑥ 建物および土地改良設備，⑦ 農機具，⑧ 園芸施設，などの生産・運営エネルギーの合計となっており，そのエネルギーは化石燃料であったり電力であったりさまざまである。それらばらばらの単位をわかりやすくするため，ここでは CO_2 換算値で表すこととする。作物生産 1 t 当りの費用〔円/t〕に単位金額当りのエネルギー消費量〔kcal/円〕[17]を乗じ，さらに消費エネルギー当りの CO_2 排出量〔kg-CO_2/kcal〕[18]を乗じることで，農作物を 1 t 生産するのに排出される CO_2 を推計した（**図 2.9**）。

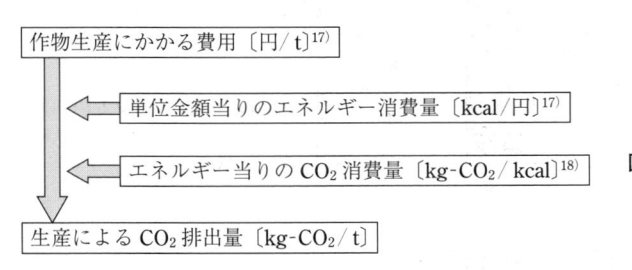

図 2.9　野菜の生産による CO_2 排出量推計フロー

〔2〕 CO_2 排出量の推計結果

図 2.10 に上記計算法で算出したキャベツの季節ごとの生産エネルギー消費量を示す。キャベツの育成適温は 15～20 ℃であるが，環境適応性が高く−15 ℃でも越冬し，1 年中の露地栽培が可能な作物である。図を見ると，キャベツの生産エネルギー消費量は夏秋が最も多くなっており，その内訳を見ると農薬の影響が大きいことがわかる。夏秋は害虫が発生しやすいことが多いエネルギー消費量につながっている。

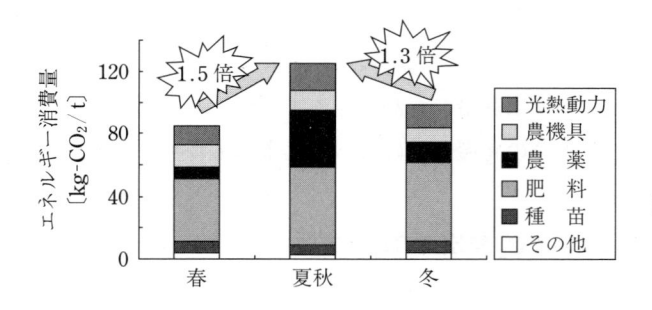

図 2.10 キャベツの季節ごとの生産エネルギー消費量

一方，図 2.11 にトマトの季節ごとの生産エネルギー消費量を示す。トマトの育成適温は 23～30 ℃と高く，それ以外の温度ではうまく育たない。したがって冬春にトマトを栽培するには，加温エネルギーを多く消費するハウス栽培が用いられる。図を見ると冬春トマト栽培は夏秋に比べて 4 倍以上ものエネルギー消費となり，その差の大部分は光熱動力が占めているのがわかる。

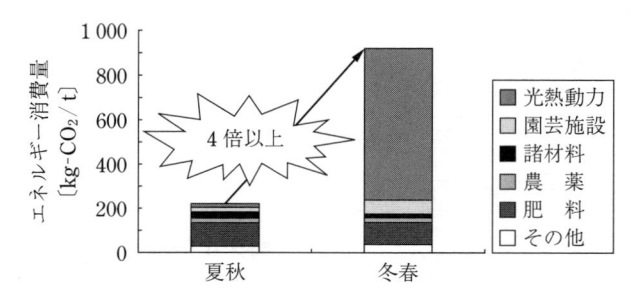

図 2.11 トマトの季節ごとの生産エネルギー消費量

〔3〕 旬産旬消による環境負荷低減効果

図 2.12 に，ある食材を旬以外で食べるのをやめ，その分，旬に食べた（シ

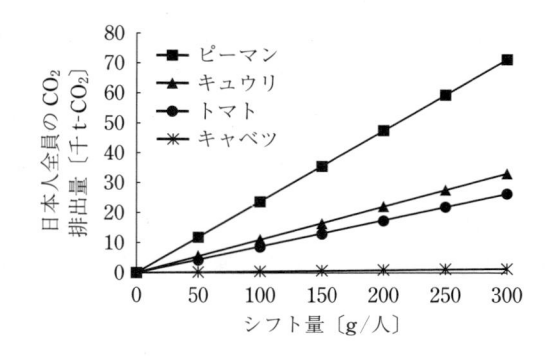

図 2.12 旬産旬消による施設野菜の CO_2 排出削減効果

フトした）場合のそのシフト量と生産エネルギー削減量の関係を示す。トマトのほかピーマンやキュウリなども季節による生産エネルギーに大きな差があることがわかる。日本人全員が 150 g（1 個分）の冬トマトを食べるのをやめ，その分，夏トマトを食べることにより 13 000 t の CO_2 排出量を削減できる。冬春トマトの一人当りの年間平均消費量が約 1.4 kg[19]なので，少ないシフト量で CO_2 排出量を削減できるといえる。

2.2.2 地産地消

日本には「身土不二」という言葉がある。これは「身体と大地は一元一体であり，人間も環境の産物で，暑い地域や季節には陰性の作物がとれ，逆に寒い地域や季節には陽性の作物がとれる。暮らす土地において季節の物（旬の物）を常食することで身体は環境に調和する」という考え方である。つまり，体を冷やす働きをもっている食物は温暖な地域で夏に，体を温める働きをもっている食物は冷涼な地域で秋から冬にとれるものが多く，食物と気候の調和が自然と図られているということである。

日本は，南北に国土が広がるとともに，列島を縦断するように山脈が走っているため，高原から平地まで三次元的に農地が広がっている。このような気候・風土を生かして現在までに日本の至る所に自主的，あるいは農業資材産業や食品産業主導により産地が形成されてきた。そして，農業技術の進歩がそれら産地間での出荷調整を可能とし，野菜の周年供給が実現されるようになっ

た。最近では鮮度保持のための予冷技術・保冷技術・貯蔵技術などの進歩や運搬技術の向上，加えてそのための保冷車や冷凍車の開発，道路網などインフラの整備が進み，野菜の広域流通の障害はなくなりつつある。さらに，中央卸売市場や地方卸売市場を通じた流通のほかに，生活協同組合やスーパーなどの量販店が介在した市場外流通，宅配便などのように物流業者が介在した流通，外食産業や食品加工業者と出荷者の間の直接取引による流通など，流通経路の多様化が進んでいる[20]。

このような農業関係者のさまざまな努力によって，われわれはいつでも野菜や果物を手にすることができるようになった。しかし，消費者・生産者の顔の見えない関係が続く中で，残存農薬やBSE問題などの食の安全性についての不信・不安感が募り，近年，国内産・地場産食材を求める消費者が増えている。このような現状を受け，国，自治体，農業関係者が生産者と消費者の距離を縮め地場の産物を地元で消費する「地産地消」を推進している。現在，地産地消は，農作物直売所，スーパー，飲食店，学校給食と多岐にわたり展開されている[21]～[23]。そして，地産地消にはもう一つ，輸送距離を短縮することから環境負荷を減らすという大きなメリットがある。

〔1〕 食物流通の現状

図2.13に冬キャベツの47都道府県間の流通の現状を10の地域（北海道，東北，関東，北陸，甲信（山梨，長野），東海，関西，四国，中国，九州）にまとめたものを示す[24]。これを見ると冬キャベツは東海地方を中心に広域に出荷されていることがわかる。また，関東・東海間ではキャベツを交換していることもわかる。この交換現象はわれわれが行った卸売業者へのヒアリング調査（2005年）から，市場に同地域の野菜が集中すると野菜の価格が下がるため，あらかじめ契約した産地から仕入れることで価格を調整することからおこると考えられる。

〔2〕 キャベツの年間の流通による環境負荷

図2.14，図2.15にキャベツの季節ごとの生産量と輸送エネルギーを示す。これを見ると生産量は冬が最も多いが，流通によるCO_2排出量は夏秋が

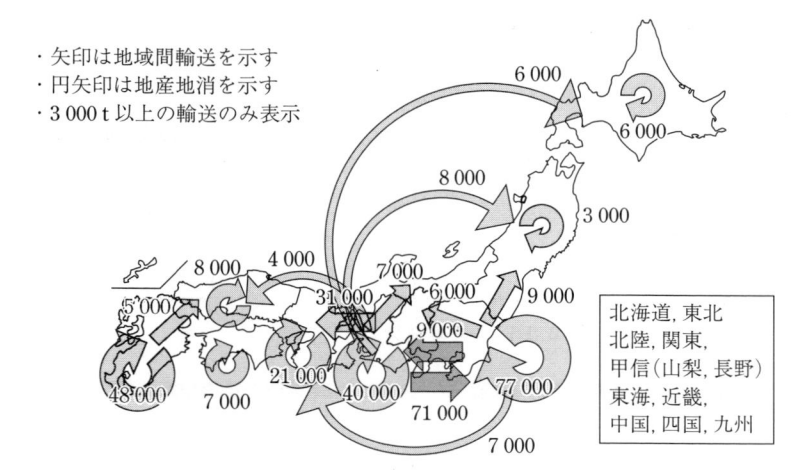

2.2 食の生態恒常性に関する研究

- 矢印は地域間輸送を示す
- 円矢印は地産地消を示す
- 3 000 t 以上の輸送のみ表示

図 2.13 平成 15 年の冬キャベツの流通状況[24]

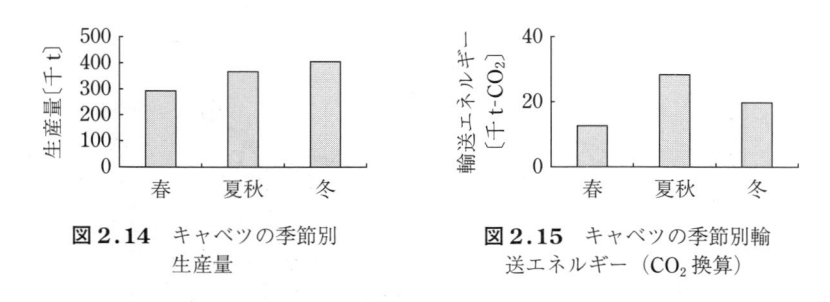

図 2.14 キャベツの季節別生産量

図 2.15 キャベツの季節別輸送エネルギー（CO_2 換算）

最も多いことがわかる。これは冬春のほうが夏秋と比べ輸送形態が地産地消型となっているためと考えられる。

〔3〕 **地産地消シミュレーション**

われわれは野菜の流通形態を地産地消型に変えた場合の流通形態を視覚的・定量的に把握できるシミュレーションソフトを開発した（**図 2.16**）。このソフトでは，線形計画法を用いて地域の需要をできる限り地場産野菜で賄うように計算することで，野菜ごとの CO_2 排出量が最少となる流通形態を算出する。

また，地産地消によってどれだけ環境負荷が低減できるのかをよりわかりやすく説明するため，子供向けの学習ソフトも開発し，県庁や市役所などで展示を行っている（**図 2.17**）。

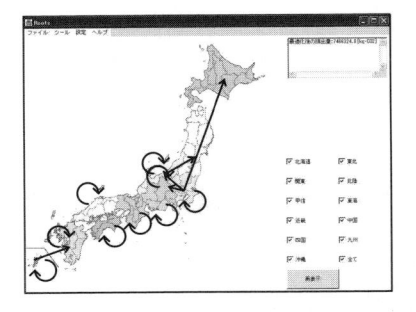

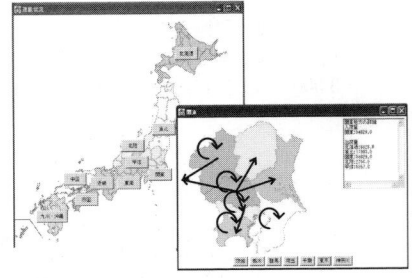

26   2. 食から見た生態恒常性工学

図 2.16 地産地消シミュレーションソフト

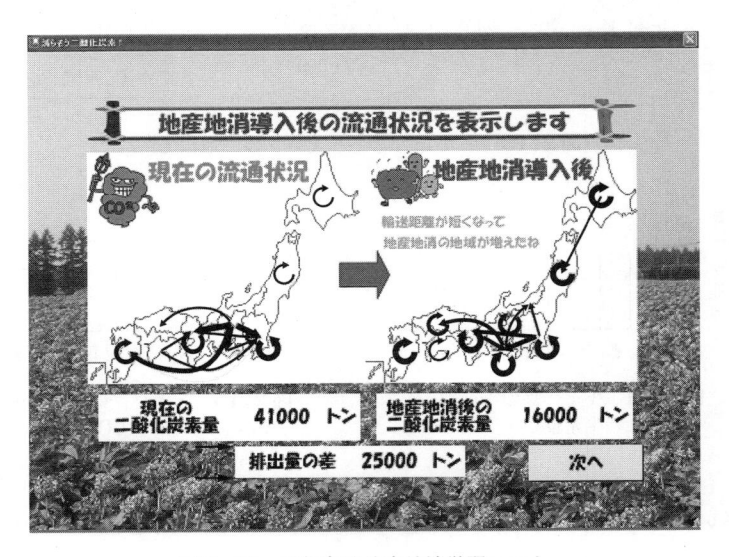

図 2.17 子供向け地産地消学習ソフト

〔4〕 地産地消による環境負荷削減効果

 図 2.18 に冬キャベツの地産地消結果を示す。これを見ると，関東・東海間の交換輸送も少なくなり，東海地方はより近隣に冬キャベツを出荷するようになり，全体的に遠方への輸送が少なくなっていることがわかる。

 また，図 2.19 は，キャベツの地産地消による CO_2 排出量の季節ごとおよび年間量を示している。図 2.15 において夏秋の輸送エネルギーが多いこと，その理由として地産地消が進んでいないことを示したが，このシミュレーショ

・矢印は地域間輸送を示す
・円矢印は地産地消を示す
・3 000 t 以上の輸送のみ表示

北海道, 東北
北陸, 関東,
甲信(山梨, 長野)
東海, 近畿,
中国, 四国, 九州

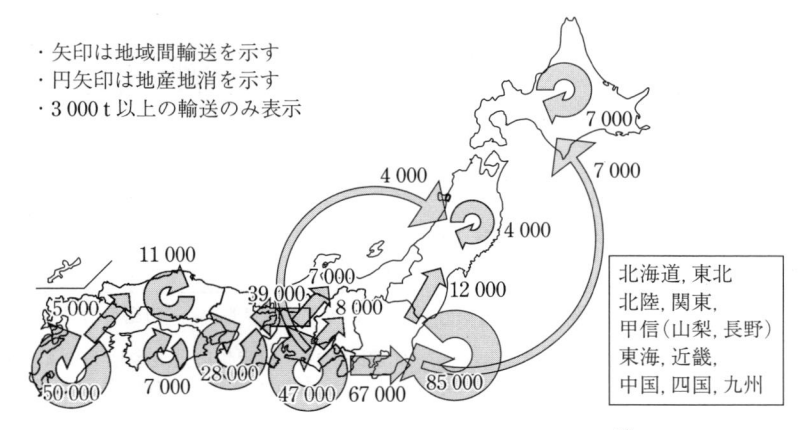

図 2.18 地産地消後の冬キャベツの流通状況[24]

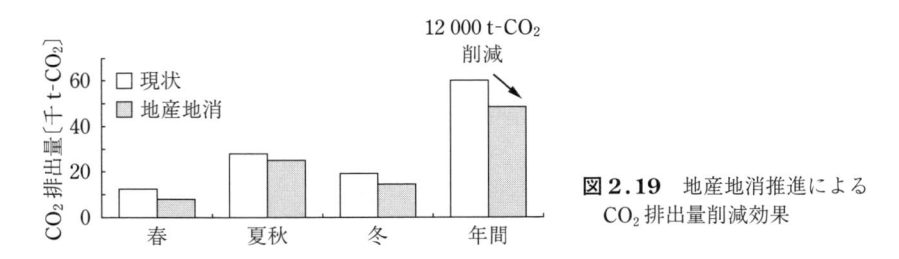

図 2.19 地産地消推進によるCO_2排出量削減効果

ン結果でも夏秋は依然多いままであった。この結果から，夏秋の輸送エネルギーが多い原因は夏秋キャベツの産地自体の偏りにあると推測される。そして，キャベツの地産地消によって年間では12 000 tのCO_2排出量が削減できることがわかる。

2.2.3 旬産旬消・地産地消による環境負荷低減効果

ここまで旬産旬消，地産地消による環境負荷低減効果を見てきたが，どちらの削減効果がより大きいのであろうか。**図 2.20** にキャベツ，**図 2.21** にトマトの生産および輸送エネルギーと旬産旬消，地産地消によるエネルギー削減量を示す。

まずキャベツの年間生産エネルギーと輸送エネルギーでは，生産エネルギーのほうが多いことがわかる。そして，それぞれ旬産旬消の効果が800 t-CO_2削

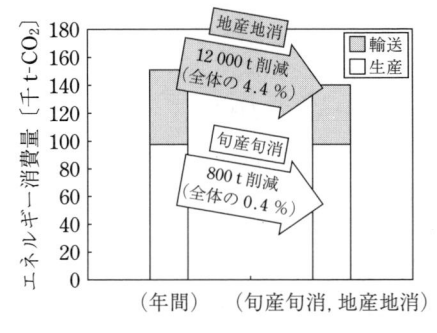

28   2. 食から見た生態恒常性工学

図 2.20 旬産旬消,地産地消によるキャベツのエネルギー消費量変化（CO_2換算）

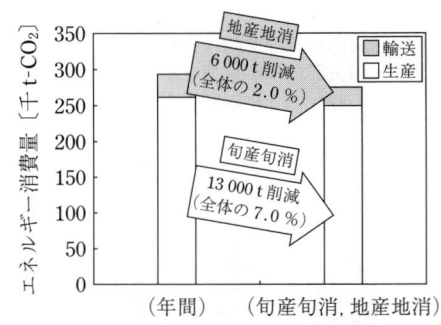

図 2.21 旬産旬消,地産地消によるトマトのエネルギー消費量変化（CO_2換算）

減に対して地産地消による効果が 12 000 t-CO_2 削減と大きくなっている。一方トマトの場合,生産エネルギーが輸送エネルギーに比べて非常に大きくなっていることがわかる。また,旬産旬消の効果が 13 000 t-CO_2 と高く,地産地消の効果は 6 000 t-CO_2 となっている。

2.2.4 エコクッキング

食生活の視点から家庭でできる環境行動を"エコクッキング"という。野菜の選び方から,調理方法,生ごみの捨て方,容器包装の再利用法までさまざまな方法が示されており,エネルギー消費の抑制,廃棄物削減といった環境に配慮しているという点だけではなく,家計支出も抑えられるといったメリットがある。エコクッキングの内容は,大きく分けると,「買物」,「保存」,「調理」,「食事」,「後片付け」に分けられる（**図 2.22**）。その効果は,例えば,冷蔵庫への詰込みすぎをやめるだけで,年間1家庭において 44 kW·h（11 l の原油に相当),ガスこんろの炎を鍋底からはみ出さないだけで年間ガス 2.4 m³（2.8 l の原油に相当),家族全員で食事するだけで 7 %のエネルギー削減が実現できる[25]。

筆者らは,実際に家庭にエコクッキングを実践した場合,廃棄物量がふだんと比べてどのように変化するかを調査した。

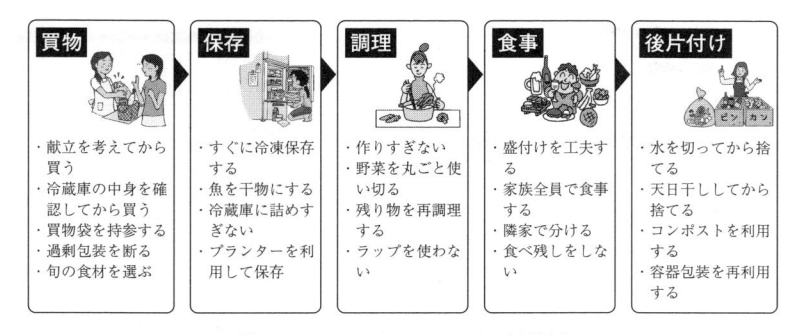

買物	保存	調理	食事	後片付け
・献立を考えてから買う ・冷蔵庫の中身を確認してから買う ・買物袋を持参する ・過剰包装を断る ・旬の食材を選ぶ	・すぐに冷凍保存する ・野菜を丸ごと使い切る ・冷蔵庫に詰めすぎない ・プランターを利用して保存	・作りすぎない ・野菜を丸ごと使い切る ・残り物を再調理する ・ラップを使わない	・盛付けを工夫する ・家族全員で食事 ・隣家で分ける ・食べ残しをしない	・水を切ってから捨てる ・天日干ししてから捨てる ・コンポストを利用する ・容器包装を再利用する

図 2.22　エコクッキングの行動例

〔1〕 調 査 概 要

調査期間は平成 16 年 11 月 1 日から 14 日までの 2 週間とし，調査世帯は名古屋市，一宮市，豊橋市をはじめとした愛知県内の一般家庭 517 世帯（回収 488 世帯，有効回答 436 世帯）で行った。

〔2〕 調 査 内 容

本調査では，① 世帯属性，② 環境への意識，③ 食料品購入量，④ 生ごみ量，⑤ 食品系容器包装ごみ量，⑥ 冷蔵庫保存状況，について調査した。

まず，第 1 週目は，すべての家庭がふだんどおり過ごし，上記項目 ③ 〜 ⑥ を量った。第 2 週目は対象家庭を A，B に分け，グループ A は食品購入時に廃棄物が出ないように心がけ，グループ B は調理法を工夫してできるだけごみが出ないようにした。そしてそれぞれ上記項目 ③ 〜 ⑥ を量った。

〔3〕 結　　果

図 2.23 にグループ A の 1 週目と 2 週目の種類別買物量を示す。グループ A は買物の前に冷蔵庫をチェックするなど環境を考慮した買物行動を心がけてもらった結果，買物量は 1 189 g／人／日から 940 g／人／日に減少し，中でも必需食料品である野菜，果物の減少が大きい結果となった。また，グループ A における生ごみ排出量も 139 g／人／日から 128 g／人／日に減少した。それは，賞味期限切れ食材の廃棄が 46 ％ 削減されたことが大きく影響している。

図 2.24 には，グループ B の 1 週目と 2 週目の生ごみ排出量を示す。グループ B では野菜屑を調理に利用するなど環境を考慮した調理方法を心がけても

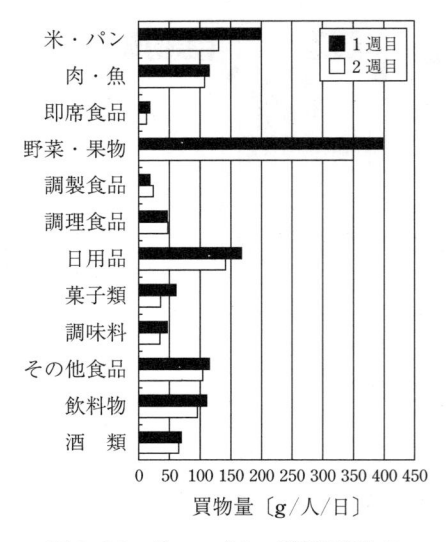

図 2.23 グループ A の種類別買物量

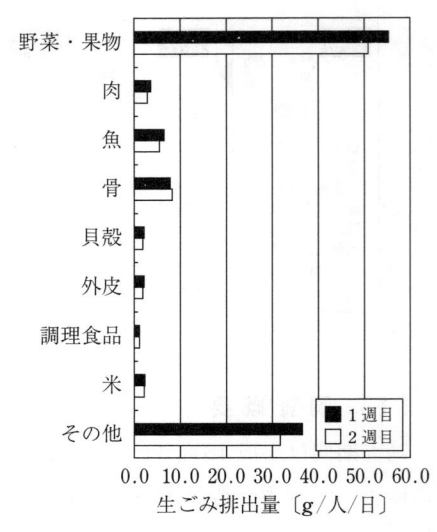

図 2.24 グループ B の生ごみ排出量

らった結果，生ごみは 124 g／人／日から 115 g／人／日へと減少した．中でも野菜・果物類の生ごみが最も多く減少した．

2.2.5　献立による環境負荷の違い

図 2.25 に食材別の生産エネルギーを示す．これを見るとその種類によって生産にかかるエネルギーが大きく違うことがわかる．例えば，牛肉が 232 g-CO_2／100 g なのに対し，鶏肉は 105 g-CO_2／100 g と半分以下になる．魚介類でもエビ類が 176 g-CO_2／100 g なのに対し，サンマ類は 51 g-CO_2／100 g と低くなっている．

このような違いの要因はさまざまである．例えば牛肉は鶏肉よりも飼料の量が約 2 倍かかることがおもな要因であり，野菜や穀物では作用する肥料，農薬，施設，農機具，光熱などいろいろな要因が考えられる．また，種類だけではなくその生産時期，生産手法によっても生産にかかる消費エネルギーは大きく違いが生じる．露地作の夏秋トマトがハウストマトの 4 倍以上の生産エネルギーになるのは前述した．また，食材の産地の違いによってその輸送距離が違

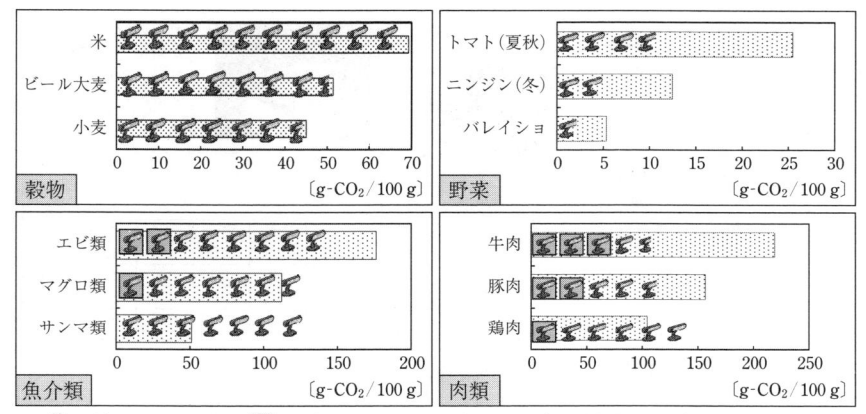

2.2 食の生態恒常性に関する研究　31

図2.25　食材別の生産エネルギー比較（排出CO$_2$量換算で表示）

うことから輸送エネルギーも大きく異なることも前述した．さらに，食卓に食事が並ぶまでには食材を調理しなくてはならない．料理によって煮る，焼く，炒めるなどさまざまな調理方法を用いることになり，それぞれ消費エネルギーが異なる．

このように食材の種類・産地・調理方法によって，食材の生産，輸送，調理エネルギーが違ってくることから，食事のメニューによって環境負荷は大きく異なる．筆者らは，さまざまな食事メニューの生産，輸送，調理エネルギーの合計値（CO$_2$換算）を比較検討することで，ふだん何気なく食べている食事の環境負荷の大小を把握してもらい，環境に優しい食事メニューという新しい切り口で献立づくりができるツールを構築した．

図2.26に開発したシミュレーションモデルの概要を示す．このシミュレーションモデルでは，主食，主菜，副菜，汁物，もしくは丼物，麺類を選び，オリジナルの食事献立をつくることで，その献立および構成する食材の，生産・輸送・調理にかかる環境負荷が提示されるシステムになっている．

これを利用して例えば，焼肉定食（牛焼肉，ごはん，みそ汁，キャベツ，ポテトサラダ）と焼魚定食（焼ザケ，ごはん，みそ汁，ダイコンおろし，漬物）を比べると，焼肉定食ができるまでの総エネルギー消費量は20.4 MJ，焼魚定

図 2.26 食事献立環境シミュレーションの概要

メニュー	エネルギー消費量〔MJ〕				CO_2排出量〔g〕
	生産	輸送	調理	合計	合計
ごはん	0.03	0.06	3.0	3.1	160
焼 魚	0.6	0.3	2.0	2.9	155
みそ汁	0.3	0.06	2.1	2.5	126
漬 物	0.2	0.07	0.0	0.3	14

食では 8.8 MJ と計算され,焼魚定食は焼肉定食の半分以下のエネルギーしか消費しないことがわかる。さらにその内訳を見てみると,牛肉の生産エネルギーが 8.6 MJ もかかるのに対し,ホッケの生産エネルギーが 0.6 MJ と極端に低く,このエネルギー消費量の違いの影響が大きいことなどがわかる。

このように,いろいろな献立をつくって消費エネルギーおよび環境負荷を比べてみてその差の原因はどこにあるのかを分析したり,低環境負荷の献立を調べたりすることができる。

2.3 ま と め

食物は生態系の恵みであり,それを無視した収穫は生態系のバランスを崩し,生態恒常性機能を崩壊させる。そして,人類の活動量が拡大した現在では,食システムのあり方が生産地の生態系だけでなく地球生態系へも影響を及ぼすようになっている。したがって,生産業者,流通業者,国や地方自治体,そしてわれわれ消費者など,食システムを構成するすべてのステークホルダー(関係者)が,それぞれにまたは協力して生態恒常性を維持しまたはその助けとなるような食システムを構築していかなくてはならない。

生産者は農地や漁業などの恒常性を損なわないようにし,生態系と共存共栄するシステムを構築しなくてはならない。そのためには持続可能農業や有機栽

培・養殖などを推進してゆく必要がある。また生産者は生産地の恒常性を考えるだけでは不十分である。自然エネルギーや有機性廃棄物の利用，農薬・化学肥料の削減を通して生産エネルギー消費量を抑え，地球生態系の維持にも努めなくてはならない。

　流通業者は，生産地の生態恒常性にはかかわらないが，輸送エネルギー消費による環境負荷排出という形で地球生態系に大きな影響を与える。この輸送による環境負荷を低減させるため，流通システムの効率化，輸送手段の環境負荷低減化などを進めてゆく必要がある。

　また，国や地方自治体には，生産者・流通業者・小売業者そして消費者に対する法的規制や指導・啓蒙活動などを通して，食システムがさまざまな局面での生態恒常性を損なわないように導いてゆく重要な役目がある。

　そして何より重要なのはわれわれ消費者の意識と行動である。森林を伐採して広げた農地で飼育されたり，そのような土地で生産された穀物で飼育されたりした牛肉を食べ続ければ，失った森林は元に戻ることはない。安い海外産の食材ばかり買っていたらその食材は延々と長い距離を輸送され続ける。逆に旬のもの，地場産のものを積極的に購入していくことは，生産・輸送エネルギーが削減されるだけでなく，アメリカのロハスの例のように，食産業・システム自体も環境調和型に変えゆく力もある。食システムの中心にはわれわれ消費者がおり，その中心たる消費者が変われば食システム自体も変わる。生産者が農地・地球の生態系の保全を目的に行う有機栽培なども，消費者が有機野菜を購入しなければ話が始まらない。現在地球の生態恒常性機能は危機的側面をもっている。この状況は，ほかでもないわれわれの意識の変革によって打開されるものなのである。

3

住から見た生態恒常性工学

3.1 概　　説

　日本や欧米などの先進国では，全産業の分野で消費または排出される天然資源・エネルギーや二酸化炭素・廃棄物のうち，都市・建築に関連した分野の占める割合が最も大きい。**図 3.1** に示すように，1990 年における日本の二酸化炭素排出量 329 Mt-C（炭素換算）のうち建設分野で排出された量は，全体の約 1/3 の 36.1 %であった。また，そのうち暖冷房空調，照明，給湯などの建物の運用段階で排出された分は約 2/3 を占めた。このような傾向は現在も続いており，生活の質を落とすことなく安心・安全で持続可能な都市・建築の構築には，建設分野の果たす役割はきわめて大きいといえる。

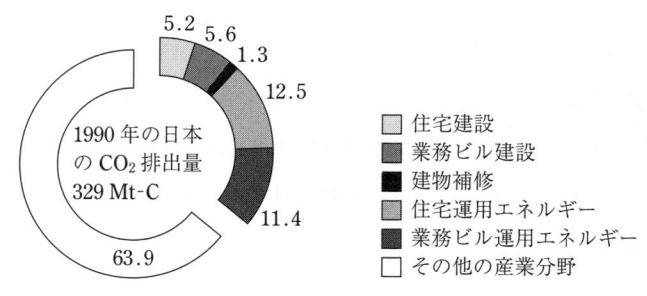

図 3.1　1990 年の日本の CO_2 排出量に占める建築関連の割合

（凡例：住宅建設 5.2，業務ビル建設 5.6，建物補修 1.3，住宅運用エネルギー 12.5，業務ビル運用エネルギー 11.4，その他の産業分野 63.9）

1990 年の日本の CO_2 排出量 329 Mt-C

　図 3.2 に本章に関連した生態恒常的な（持続可能な）都市・建築システムのイメージを示す。これまでの都市・建築はスクラップアンドビルドの手法で大量のエネルギー・資源を消費するいわゆるフロー型の建築手法から，エネル

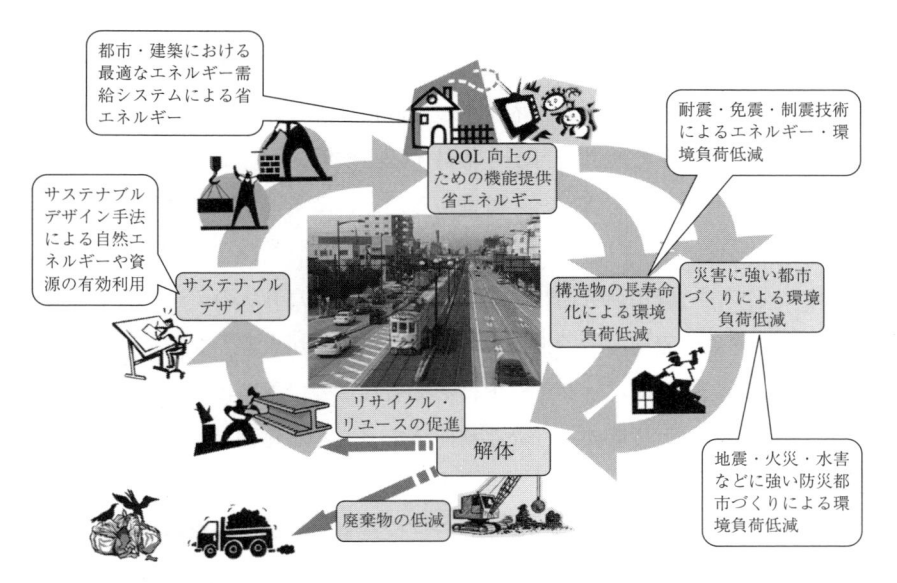

図 3.2 生態恒常的な（持続可能な）都市・建築システムのイメージ

ギー・資源の有効利用，構造物の長寿命化や災害に強い都市づくりによる環境負荷低減，解体材のリユース・リサイクル，ならびに循環型の都市・建築のサステナブルデザインと生活の質を向上するための機能提供などが有機的に機能するサイクル型・ストック型の手法にシフトしなければならない。

本章では，持続可能な未来社会の構築に不可欠な構造物の長寿命化と低環境負荷型の建築・都市基盤を実現するために必要な要素技術，環境影響評価法ならびに持続可能な建築の設計方法を提示し，生活の質を落とすことなく低環境負荷型社会システムを実現するためのシナリオについて概説する。

3.2 都市・建築のLCI分析と環境負荷低減

3.2.1 建物のエネルギー消費原単位

都市・建築からの環境負荷の影響を調べる指標の一つにライフサイクルインベントリ（LCI）がある。都市・建築のLCI分析を行うためには，都市構造，

建物の種類と規模などの基礎データに加え，建物種別のエネルギー消費原単位のデータが必要となる。建物のエネルギー消費原単位の算出法には，電気，ガス，熱など建物に供給されるエネルギーを直接調査し建物種別に推計する方法と，産業連関表などの統計資料から推計する方法がある。ここでは建物種別のエネルギー消費原単位を算出し，整備するために産業連関表による方法を用いた。

日本エネルギー経済研究所による実地調査[1]と尾島ら[2]のデータとを比較すると，商業施設は売場面積で推計しているため結果が大きくなっているが，商業施設の10～50％はバックヤードにあてられるので誤差は少ないものと考えられる。これは，百貨店のような業務面積を多くとる建物では原単位の差は大きいが，コンビニのようなバックヤードをあまり必要としない建物では差が小さくなっているからである。教育施設の学校建築では対象となる生徒・学生の

（a）商業施設（1995年）

（b）学校教育施設（1995年）

（c）商業施設（2000年）

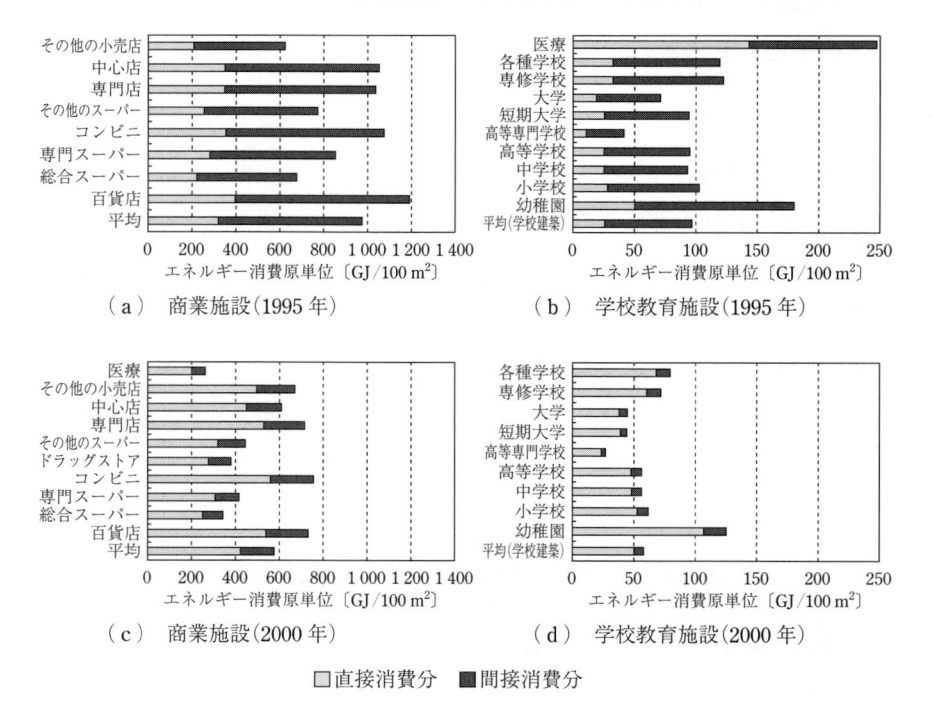

（d）学校教育施設（2000年）

□直接消費分　■間接消費分

図 3.3 1995年および2000年における種々の建物のエネルギー原単位の推定結果

年齢が上がるごとにエネルギー消費原単位が小さくなる傾向が認められる。病院では日本エネルギー経済研究所の結果と8％程度の誤差であった。

図3.3に1995年および2000年における建物種別のエネルギー消費原単位（直接分および間接分）を示す。これらの結果より原単位の経年変化および種々の建物のネルギー消費原単位が明らかになり，後述する都市域における需要エネルギーの時間・空間的分布の推定が可能となる。

3.2.2 都市の需要エネルギーマップ

上記の結果をもとに，都市域における需要エネルギーマップを作成し，エネルギー推計結果を時系列的かつ視覚的に扱うことにより，地域冷暖房などのシステム提案を含む広範囲な省エネルギー対策の提言が可能となる。ここでは，対象地域の住宅における50年間の需要エネルギー推計を行い，そのエネルギーマップを作成した。特に，世帯数を推計するにあたり，人口推計モデルを拡張したコーホート要因法に基づき推計を行った。予測プログラムは，Microsoft Excelをベースに Visual Basic を用いて作成した。ケーススタディとして，対象地域はJR豊橋駅を中心とした北緯34度46分20～40秒，東経137度23分0～20秒の地域とした。その地域を183×225に分割した（一つのセル面積は約100 m^2）。これは豊橋市の住宅の平均床面積に相当する。

図3.4にコーホート要因法による人口推計の結果を示す。初期値は，24 077人であったが，50年後には13 286人と約45％減少した。その理由としては，駅周辺の人口増減が近年減少傾向にあるため，初期設定として他地域からの世帯の移入を考慮していないためと考えられる。

つぎに，家族構成の推移を行う際に用いたライフサイクルマトリクスの基本的な概念を**図3.5**に示す。結婚率・離婚率・生存率および出生率により，世帯構成は，(t+5)期ごとに変化する。

Excel上でエネルギーマップを作成するために，**図3.6**に示すようにオリジナルマップデータ（ビットマップ形式）をカラーデータに置き換える。つぎに，住宅のカラーセルデータを選択し，そのセルの前期の世帯構成状況を把握

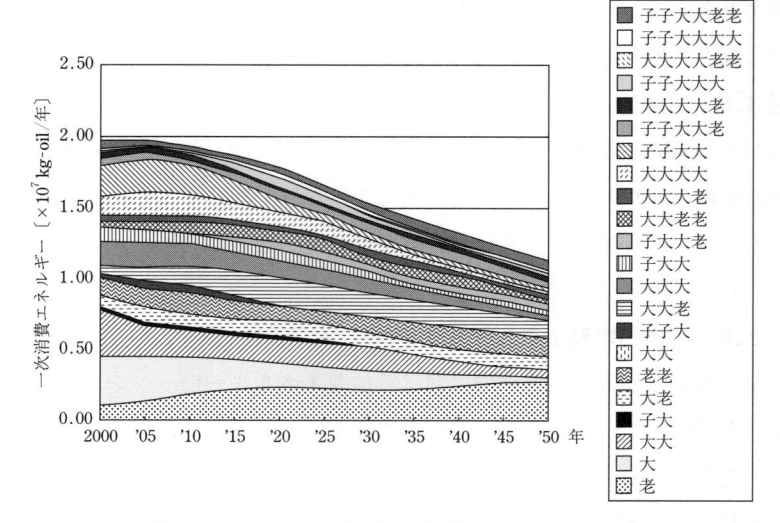

図3.4 コーホート法による豊橋駅周辺の人口推計

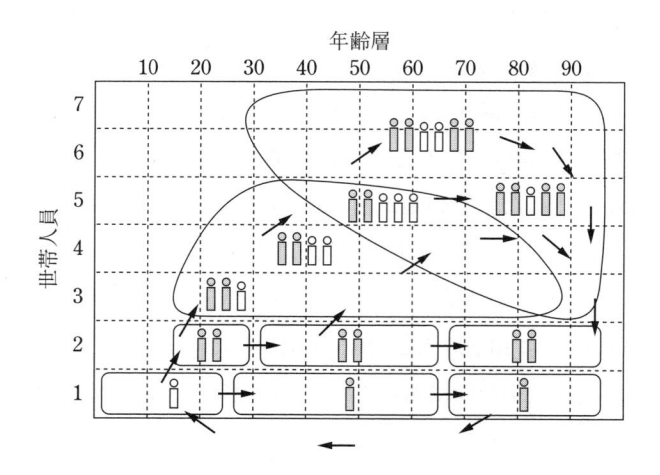

図3.5 ライフサイクルマトリクスの概念

してから，各世帯におけるライフサイクルを考慮したコーホート要因法により，($t+5$) 期の家族構成を推計する．さらに，その家族構成別のエネルギー消費量から，それに見合ったカラーインデックスを選択しマッピングすることにより，エネルギーマップを作成する．

5年ごとのエネルギーマップ推計結果によると，2000年から50年後に世帯

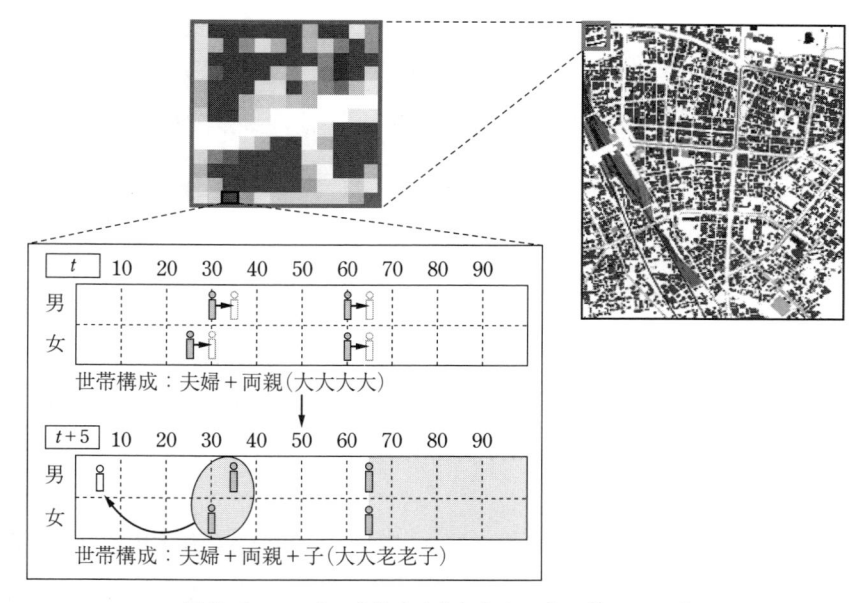

図 3.6 コーホート法をもとにしたエネルギーマップ

数は 46 % 減となり，少子高齢型の世帯構造となる。特に駅周辺の地域では，一人暮らしの高齢者人口が増える。そのため，エネルギー効率の観点から，高齢者対応型のマンションなどを建設することにより，戸建住宅で一人暮らしの高齢者の使用するエネルギーを 1 か所に集中することができ，エネルギーの有効利用につながるものと考えられる。

3.3　建築物の環境負荷低減

3.3.1　住宅の省エネルギー

〔1〕　標準住宅モデル

図 3.7 に示すような日本建築学会の標準住宅モデル[3]を対象として，消費エネルギーを 50 % 削減できる方法について検討を行った。標準住宅モデルに夫婦と子供二人の 4 人家族が生活することを想定し，NHK 国民生活時間調査[4]を参考に生活スケジュールを作成した。それをもとに冷暖房，照明，機器，給

1階平面図　　　　　　　　　2階平面図

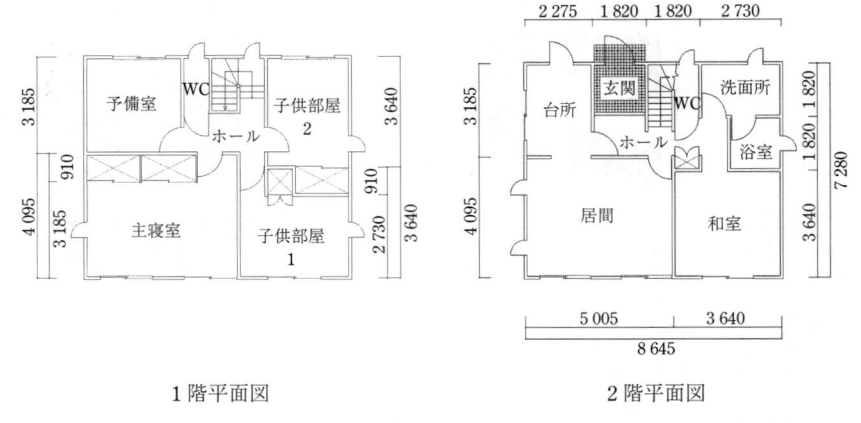

図3.7　標準住宅モデル

湯にかかるエネルギーを算出した．なお，冷暖房については住宅用熱負荷計算プログラム SMASH[5] を用いてシミュレーションを行った．基本モデルは冷房設定温度 26 ℃，暖房設定温度 20 ℃ とし，照明は蛍光灯（72 W）と白熱灯（60 W）の併用とした．

消費エネルギーに影響すると考えられる要因の中でここで検討したパラメータは，**表3.1** に示すように，① 冷暖房の設定温度，② 断熱材の厚さ，③ 屋上緑化の有無，④ ライフスケジュール，⑤ 照明方法で，全14ケースの計算を行った．

〔2〕　**断熱性能およびライフスタイルによる省エネルギー効果**

基本モデルに対する各ケースの負荷低減率を**図3.8**に示す．設定温度を暖房 19 ℃/冷房 27 ℃，すなわち基本モデルよりも設定温度を 1 ℃ 緩和した場合，冷房負荷は 12.6 ％ の削減となった．同様に設定温度を 2 ℃，3 ℃ 緩和した場合，それぞれ負荷が 24.1 ％，34.7 ％ の削減となり，3 ℃ 差の場合で大きな違いが見られた．設定温度のみで負荷 50 ％ の削減を実現しようとすると，暖房 15 ℃/冷房 31 ℃ としなければならず，冬期は着衣量，夏期は通風などのほかの手法を併用した調節が必要となる．

断熱材には住宅用グラスウール 24 K 相当を用い，厚さを 50 mm から

表 3.1 計算条件および暖房負荷の計算結果

パラメータ	ケース	設定温度〔℃〕上：暖房 下：冷房	断熱材厚〔mm〕	屋根緑化	照明方法	暖冷房負荷〔MJ〕	増減	基本との比較〔％〕	備考
基本	A	20 / 26	50	無	蛍，白	39 098.13			
設定温度	B	19 (−1) / 27 (+1)	50	無	蛍，白	34 187.47	▼	−12.56	
	C	18 (−2) / 28 (+2)	50	無	蛍，白	29 677.00	▼	−24.10	
	D	17 (−3) / 29 (+3)	50	無	蛍，白	25 544.95	▼	−34.66	
	E	21 (+1) / 25 (−1)	50	無	蛍，白	44 151.53	△	12.92	
	F	22 (+2) / 24 (−2)	50	無	蛍，白	49 400.83	△	26.35	
断熱材厚	G	20 / 26	100	無	蛍，白	34 726.63	▼	−11.18	
	H	20 / 26	150	無	蛍，白	33 003.66	▼	−15.59	
	I	20 / 26	200	無	蛍，白	32 024.12	▼	−18.09	
屋根緑化	J	20 / 26	50	有	蛍，白	34 879.42	▼	−10.79	
ライフスケジュール	K	20 / 26	50	無	蛍，白	38 303.61	▼	−2.03	1 時間早起き
照明方法	L	20 / 26	50	無	蛍	39 088.50	▼	−0.02	
	M	20 / 26	50	無	白	39 130.36	△	0.08	
	N	20 / 26	50	無	＊	39 254.27	△	0.40	
負荷最小となる条件	O	17 / 29	200	有	＊	17 834.25	▼	−54.4	1 時間早起き

蛍：蛍光灯 72 W，白：白熱灯 60 W，＊：白熱灯型蛍光灯 12 W

200 mm まで変化させた。200 mm を用いた場合は 50 mm のときと比較すると 18.1 ％の削減であった。断熱材厚が厚くなるに従い負荷は徐々に減少するものの，夏期については内部発熱が外に逃げにくく，通年で見るとあまり効果的ではない。

3. 住から見た生態恒常性工学

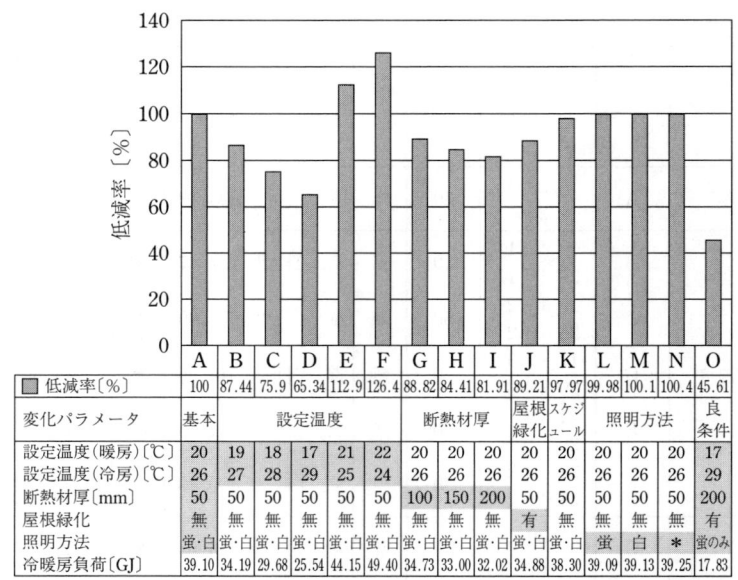

	A	B	C	D	E	F	G	H	I	J	K	L	M	N	O
低減率[%]	100	87.44	75.9	65.34	112.9	126.4	88.82	84.41	81.91	89.21	97.97	99.98	100.1	100.4	45.61
変化パラメータ	基本	設定温度					断熱材厚			屋根緑化	スケジュール	照明方法			良条件
設定温度(暖房)[℃]	20	19	18	17	21	22	20	20	20	20	20	20	20	20	17
設定温度(冷房)[℃]	26	27	28	29	25	24	26	26	26	26	26	26	26	26	29
断熱材厚[mm]	50	50	50	50	50	50	100	150	200	50	50	50	50	50	200
屋根緑化	無	無	無	無	無	無	無	無	無	有	無	無	無	無	有
照明方法	蛍・白	蛍・白	蛍・白	蛍・白	蛍・白	蛍・白	蛍・白	蛍・白	蛍・白	蛍・白	蛍・白	蛍	白	＊	蛍のみ
冷暖房負荷[GJ]	39.10	34.19	29.68	25.54	44.15	49.40	34.73	33.00	32.02	34.88	38.30	39.09	39.13	39.25	17.83

■：変化させたパラメータ　蛍：蛍光灯 72 W，白：白熱灯 60 W，＊：白熱灯型蛍光灯 12 W

図 3.8 基本モデルに対する各ケースの負荷低減率

屋根緑化の効果については，屋根に芝を敷き詰めることで 10.8 % の削減率が得られた。なお計算に用いた芝の等価熱抵抗値は冬期 $0.88\,\mathrm{m^2 \cdot K/W}$，夏期 $0.33\,\mathrm{m^2 \cdot K/W}$ とした[6]。

つぎに，生活スケジュールの違いによる省エネルギー効果を検討した。家族 4 人の起床時間を 1 時間早め，基本スケジュールより 1 時間早く各部屋から家族全員が居間に集まるものとして，計算を行った。その結果，2 % の負荷削減効果が見られた。すなわち，各部屋で別々に生活するよりも，一家団らんの時間が長ければそれだけ省エネルギーにつながることがわかる。

また，照明方法については数 W の差であり，ほとんど違いは見られなかった。消費電力が低いほど，冬季の暖房負荷への影響はあるものの，熱負荷には大きな差はないという結果が得られた。

以上，各検討パラメータの中で最もよい値が得られた条件を採用して計算を行った。すなわち，設定温度が暖房 17 ℃/冷房 29 ℃，断熱材厚さ 200 mm，

屋根緑化有，1時間の早起き，照明を蛍光灯としたとき，基本モデルと比較して 54.4 % の削減となった。

〔3〕 住宅設備と省エネルギー

給湯使用温度および使用状況（風呂，台所・シャワー）の違いによる給湯エネルギーを比較した結果を**表 3.2** に示す。使用温度の変化によるエネルギーの低減効果は各使用器具 1 ℃ 当り 2 % 程度で，風呂と台所・シャワー両方の使用水温を 2 ℃ 下げた場合は，従来方式に比べ 8.4 % の低減効果が見られた。つぎに，使用器具をシャワーのみとした場合，54 % のエネルギー削減が見込まれる。また，給湯エネルギーで見たときのガスコジェネレーション（GCG）とオール電化（AE）のエネルギー低減率を求めた。その結果，GCGの場合，給湯（ガス）のみとすると 15 % の増となり，AE を採用した場合には 13 % の削減が見込まれることがわかった。

表 3.2　各システムにおける給湯エネルギーとその比較

	採用システム		
	従来	GCG	AE
風　呂	7 545 MJ	6 663 MJ	5 751 MJ
台所・シャワー	6 370 MJ	9 362 MJ	6 421 MJ
給湯合計	13 915 MJ	16 025 MJ	12 173 MJ
低減率	−	△ 15 %	▼ 13 %

つぎに，一般的な使用機器を想定し，先に示したライフスケジュールをもとに計算すると，照明を除く年間消費電力は 63 527 kW·h，照明については 1 110 kW·h であった（**表 3.3**）。冷蔵庫などの常時電力を使う必要がある機器を除いた待機電力は 8 709 kW·h で全体の 14 % を占める。待機電力を切るだ

表 3.3　年間電力消費量と削減効果

	消費電力〔kW·h〕	待機電力〔kW·h〕	照明電力〔kW·h〕	低減率〔%〕
通　常	63 527	8 709	1 110	−
待機電力ゼロ	54 818	0	1 110	24
白熱灯型蛍光灯	63 527	8 709	190	1
両条件	54 818	0	190	25

けでもかなりの削減効果が見込まれることがわかった。また，白熱灯・蛍光灯をすべて白熱灯型蛍光灯（12 W）に置き換えたとすると，年間 190 kW·h となり 83 % の削減効果が得られる。消費電力で見た場合 50 % 削減するには，この条件に加えて通常使用する電力を 1/4 に減らす努力が必要である。

また，標準住宅モデルの屋根面に傾斜角 30 度で，定格出力 4.16 kW の太陽光パネルを設置したときの発電量を求めた。気象データは拡張アメダスの豊橋市標準年のデータ[7]を使用した。月別の平均日射量と発電量を図 3.9 に示す。豊橋市での年間発電量は 4 449 kW·h であった。これを火力発電の代替と仮定すると，一次エネルギーで年間 45 761 MJ の削減となる。

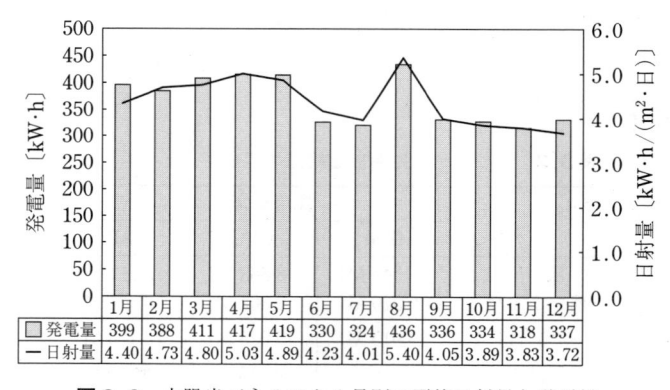

	1月	2月	3月	4月	5月	6月	7月	8月	9月	10月	11月	12月
発電量 [kW·h]	399	388	411	417	419	330	324	436	336	334	318	337
日射量 [kW·h/(m²·日)]	4.40	4.73	4.80	5.03	4.89	4.23	4.01	5.40	4.05	3.89	3.83	3.72

図 3.9　太陽光パネルによる月別の平均日射量と発電量

従来のシステムにおける太陽光パネル設置前後の消費電力を比較し，GCG，AE についても同様に太陽光発電を用いた際の削減効果を算出し，従来システムとの比較を行った。まず，太陽光パネルの設置有無にかかわらず，従来のシステムに GCG，AE を取り入れたときの消費電力については，GCG を用いた場合は 6.8 %，AE を用いた場合は 25 % の削減であった。各システム別に太陽光パネルを用いたときの変化を図 3.10 ～図 3.12 に示す。太陽光パネルを設置することで得られる低減効果は，従来システムで 20 %，GCG で 19 %，AE で 25 % であり，AE での太陽光パネルの有効性が示唆される。

以上の結果を踏まえ，従来のシステムと GCG + 太陽光発電（以下 GCG 併

3.3 建築物の環境負荷低減

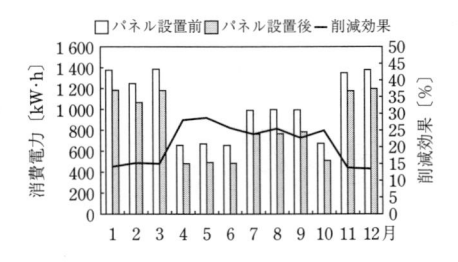

図3.10 従来のシステムにおける太陽光パネルの有無による電力消費量

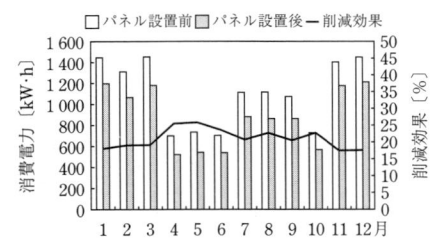

図3.11 GCGシステムにおける太陽光パネルの有無による電力消費量

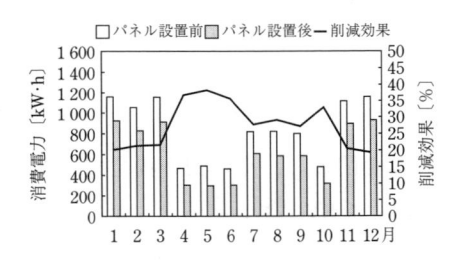

図3.12 AEシステムにおける太陽光パネルの有無による電力消費量

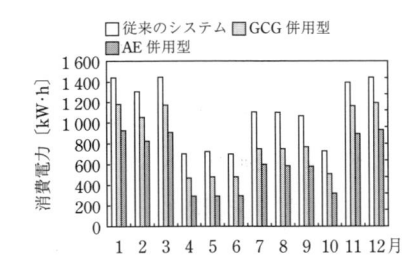

図3.13 システム別の太陽光パネルの有無による電力消費量

用型), AE＋太陽光発電 (以下 AE 併用型) を比較したものを **図3.13** に示す。GCG 併用型は従来のものと比較すると 24.5 ％の削減, AE 併用型は 43 ％の削減が見込まれる。月別に見ると AE 併用型は 4 月から 6 月にかけて約 6 割もの消費電力削減となっている。

3.3.2 オフィスビルの省エネルギー

〔1〕 標準オフィスビル

日本建築学会の提案した標準オフィスビルの基準階モデル[8]を対象として、種々の省エネルギー手法による建物における消費エネルギー 50 ％削減の可能性について検討した。対象とした計算モデルはオフィスの 3 階を基準階に選んだ (**図3.14**)。

3 階は地面から 7.2 m で, 高さは 3.6 m である。ガラス窓は 1 ユニット幅が 1.8 m, 高さが 1.8 m で, 床から 0.8 m に設置される。開口部は 8 mm 厚吸熱

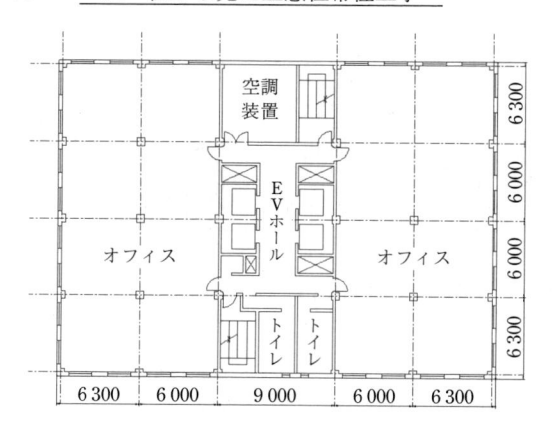

図 3.14 基準階平面図

ガラスで，室内側に中等色のブラインドが設置される。ブラインドは冷房期に透過日射量が 290 W/m² 以上および不在時は全閉とし，その他の場合は全開とする。また，空調制御ゾーンはオフィスおよび EV（エレベータ）ホールと

表 3.4 計算条件と暖冷房負荷の計算結果

ケース	設定温度（暖房/冷房）〔℃〕	断熱材厚〔mm〕	土曜日運転	換気回数〔回/h〕	暖房負荷〔MJ〕	冷房負荷〔MJ〕	熱負荷〔MJ〕	熱負荷の増減（基本モデル比）〔%〕	備考
A	20/26	25	有	2	13 128	101 677	114 804	—	基本モデル
B	19/27	25	有	2	8 485	87 483	95 967	−16.4	設定温度の違い
C	18/28	25	有	2	4 896	74 223	79 119	−31.1	
D	17/29	25	有	2	2 560	62 082	64 642	−43.7	
E	21/25	25	有	2	19 072	116 479	135 551	18.1	
F	22/24	25	有	2	26 815	131 294	158 109	37.7	
G	20/26	50	有	2	10 241	105 123	115 364	0.5	外壁の断熱性能の違い
H	20/26	100	有	2	8 188	107 964	116 152	1.2	
I	20/26	200	有	2	6 889	109 837	116 726	1.7	
J	20/26	25	無	2	12 485	93 746	106 232	−7.5	土曜日運転の有無
K	20/26	25	有	4	48 760	99 245	148 005	28.9	換気負荷の違い
L	20/26	25	有	6	90 452	100 517	190 969	66.3	
M	20/26	25	有	4*	13 488	79 812	93 300	−18.7	
N	18/28	200	無	4*	3 488	44 376	47 864	−58.3	最適モデル

*冷房期 24 時間換気

し，設定温度は冷房期が26℃，暖房期を20℃とする。取入れ外気量は2回/hとする。在室人数はオフィスが0.2人/m^{2}とし，EVホールを0.03人/m^{2}とする。照明発熱はオフィスが20 W/m^2，EVホールを10 W/m^{2}とする。機器発熱は5.8 W/m^{2}とする（スケジュール省略）。空調装置運転時間は8：00～18：00とし，9：00までは取入れ外気はカットする。冷暖房熱負荷についてはシミュレーションツールEnergyPlus[9]を用いて計算を行った。基本モデルは冷房設定温度26℃，暖房設定温度20℃とする。計算条件は，**表3.4**に示すように，① 暖冷房設定温度，② 断熱材厚，③ 土曜日運転，④ 換気回数のパラメータに対して全14ケースの計算を行った。

〔2〕 省エネルギー効果

各手法別のエネルギー低減率の計算結果を表3.4に示す。

① **暖冷房設定温度**（ケースB～F）　設定温度を暖房時19℃，冷房時27℃とすると，基本モデルに比べて熱負荷は16.4％の削減となった。同様に設定温度を2℃，3℃緩和した場合，熱負荷はさらに減少し，3℃の差で熱負荷が基本モデルのほぼ半分（43.7％）の削減となった。しかしながら，暖房の設定温度17℃まで，冷房の設定温度29℃まで変えた場合の熱的快適性については別途検討する必要がある。

② **断熱材厚**（ケースG～I）　断熱性能の違いによる効果として，本モデルの外壁の断熱材は25 mmのフォームポリスチレンを用い，断熱材厚を200 mmまで変化させた。200 mm断熱材の場合は，基本モデルの25 mmの場合より暖房負荷は約50％のエネルギー削減が達成できたが，冷房負荷についてはやや増加した。全体的に断熱材が厚くなると，逆に冷房負荷が増加した。これは夏期の冷房時に，断熱材の熱容量による蓄熱効果と考えられる。

③ **土曜日運転**（ケースJ）　基本モデルにおける在室者のスケジュールは土曜日に残業があるとしているが，実際には週5日制を採用しているオフィスが多い。したがって，在室人員，照明や機器などによる室内発熱は土曜日にはすべてゼロとし，空調の運転も停止してシミュレーショ

ンを行った。その結果，暖房負荷は基本モデルに比べ，13 128 MJ から 12 485 MJ まで減少し，冷房負荷は 101 677 MJ から 93 746 MJ まで減少した。全体的に見ると，7.5 % の削減率を達成した。

④ **換気回数**（ケース K ～ M）　　換気回数を変化させた場合，暖房負荷に大きな変化が見られるが冷房負荷はほとんど変わっていない。これは冬期の暖房時，室内と室外の温度差が大きいため，外気負荷が大きくなったことによる。また，外気冷房の省エネルギー効果について考察する。基本モデルでは空調の運転日の 18：00 以降，外気をカットした。冷房期（4/1 ～ 10/31）の夜に，室内温度より低い外気を利用した場合，室内や壁体温度が低下するため，24 時間換気を採用し，シミュレーションを行った。その結果，暖房負荷はほとんど変わっていないが，冷房負荷の大きな現象が見られた。冷房負荷は 101 677 MJ から 79 812 MJ に減少し，約 20 % のエネルギー削減効果を達成した。

最後に，暖房および冷房設定温度をそれぞれ 18 ℃ および 28 ℃，断熱材厚 200 mm，土曜日運転なし，夏期の外気冷房，という熱的快適性を確保した省エネルギー手法を採用すると（ケース N），基本モデルと比較して 58.3 % の削減となった。

〔3〕 **建物別エネルギー消費構造**

ケーススタディとして，愛知県豊橋市の建物別エネルギー消費を推計する。住宅部門のエネルギー消費量を算出するにあたり，豊橋市の世帯人員別世帯数（127 669 世帯：平成 17 年度）を 22 区分に分類し，各世帯区分別のエネルギー消費量を計算した。豊橋市全体の住宅部門の一次消費エネルギーは 286×10^6 kg（オイル換算），最適システムを導入した場合には 42 % 減の 166×10^6 kg となった。

つぎに，オフィスビルにおけるエネルギー消費量の算出には，オフィス従業者数（豊橋市統計書平成 17 年度版）を中心に必要オフィス床面積を求め，上記の産業連関分析の結果を用い，商業部門における従来システム時でのエネルギーを算出した。豊橋市全体のオフィスビル部門の一次消費エネルギーは，

147×10^6 kg となり，最適システムを導入した場合には，58 %減の 61.5×10^6 kg となった．

工業用建築におけるエネルギー消費量は，上記〔2〕での産業連関分析の結果を用い，各産業別に床面積を割り振り，工場の延べ面積（豊橋市統計書平成17年度版）をかけ求めた．さらに，最適システム導入時の消費エネルギー算出にあたっては，二重屋根換気システム導入による冷房負荷低減効果を 50 % として算出した．豊橋市全体のオフィスビル部門の一次消費エネルギーは 542×10^6 kg となり，最適システムを導入した場合には 1 %減の 541×10^6 kg となった．

豊橋市全体での一次消費エネルギーは，**図 3.15** に示すように 977×10^6 kg であった．最適システム導入時には，全体で約 21 %の減少効果が見られた．市全体で約 50 %のエネルギー削減の実現には，工場建築部門におけるエネルギーがそれ自身で 50 %以上の割合を占めるため，工場における省エネルギー対策が必要であると考えられる．

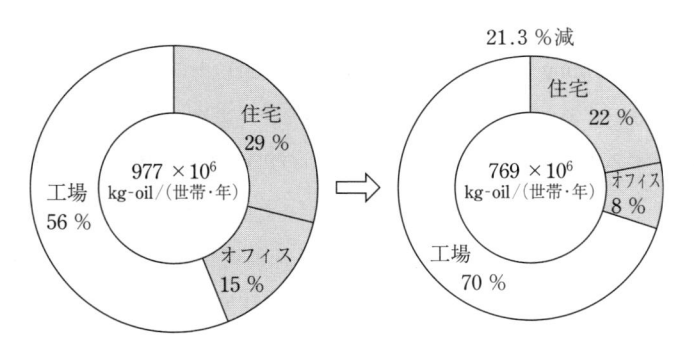

図 3.15 豊橋市における一次消費エネルギーの変化

3.4 建築のヘルスモニタリング
（長寿命構造の光ファイバセンシング）

3.4.1 は じ め に

建設産業廃棄物の削減には，建設構造物を長寿命化させる必要があるが，それらはその長期間つねに安心・安全なものとして維持され，ユーザーにできる限り明確に説明できるような定量的データを適時提供できることが期待されるようになった。特に，建設分野では，近年，構造物の備えるべき安全性や耐久性などの性能を明確に示して，それに適合する設計（補修・補強設計を含む）が求められるようになってきている。そのため，こうした設計時の性能が長期間の使用によってどの程度維持されているか（または劣化がどの程度進行しているか）を適宜確認していくことは，構造物の維持管理工学的観点からも重要となっている。そうした長期間の性能確認のためのセンシングには，高精度で安定的な計測が期待できる光ファイバセンサが注目されている。

光ファイバセンサには，伝播光の位相干渉を利用して計測するファブリ・ペロー（extrinsic Fabry–Perot interferometric, EFPI）センサ，光ファイバの各位置から反射してくるレイリー散乱光あるいはブリルアン散乱光を受光してその変化からひずみを検出する分布形センサ（OTDR, BOTDR），センサ部に設けられたブラッグ回折格子の格子間隔の変化を反射光の波長変化で計測するFBG（fiber Bragg grating）センサが開発され実用化されている[10]。特にFBGセンサは長期モニタリングに適した耐久性・高精度・安定性を有しており，次世代型センサとして，種々の変換器への利用も含め進展が著しい。本節では，FBGセンサを利用した建設構造物のセンシング技術について解説するとともに，実構造への最新の適用事例を紹介する。

3.4.2 FBGセンサ

市販のFBGセンサには石英系の単一モード光ファイバが使用されている。その特徴としては，外径が小さく埋込みにも適していること，電磁誘導を受け

ないので設置場所が限定されないこと,ファイバの融点が1 900 ℃と高いことから耐熱性があること,電流を使用しないため火花を出す危険性がないこと,防爆性があること,腐食に強く耐久性が高いことなどが挙げられる。

一般に市販されているFBGセンサ(例えばNTT-AT製FBGセンサ)では,**図3.16**に示すように,長さ10 mmのセンサ領域に,ブラッグ回折格子と呼ばれる屈折率が周期的に変化する格子が約2万個も書き込まれている[11]。すなわち,こうしたFBGセンサは,光を搬送する直径8～9 μm程度のコア部分と,それを取り巻く外径125 μmのクラッド部から構成されており,その外側は厚さ5 μm程度のポリイミドで被覆され,外径の最大は135 μmとなっている。

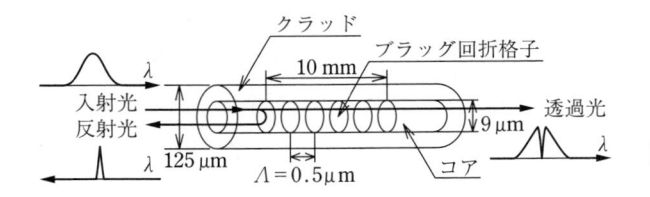

図3.16 FBGセンサ

この大きさは,建設分野における従来のセンササイズに比してかなり小さいものではあるが,航空機産業などで多用されるFRP(fiber reinforced polymer;繊維補強高分子)材料における繊維(Eガラス,PAN系カーボン,アラミド)の外径7～12 μmに比べると大きい。そのため,カーボン繊維を用いたFRP材料内部の損傷をモニタリングするために,武田らはクラッド径40 μm(ポリイミド被覆を含む外径は52 μm)のFBGセンサを開発する研究を行っている[12]。

3.4.3 計測システムの概要

図3.17はFBGセンサを用いた計測の基本システム概要図である。基準光源からの基準波長パルス λ_b と同時に,別の光源から広帯域の光パルスをFBGセンサに入射する。FBGセンサの回折格子は,その広帯域の光パルスの中からある特定の波長成分(ブラッグ波長 λ_B)のみを反射する。n_B をコア部分の

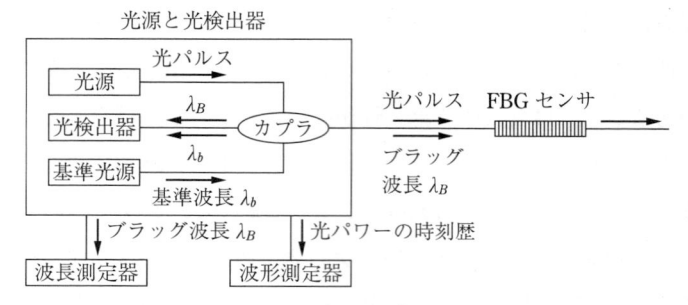

図 3.17 FBG センサを用いた計測法の概要

屈折率，Λ をブラッグ回折格子の間隔とすると，ブラッグ波長は次式で表せる。

$$\lambda_B = 2n_B \Lambda \tag{3.1}$$

光検出器でそのブラッグ反射波を時刻歴で計測すると**図 3.18**のように測定できる。ブラッグ波長はコアの屈折率とブラッグ回折格子の間隔に依存しているので，センサ領域が引張力や温度上昇で伸びると，格子間隔 Λ が増加しブラッグ波長は長くなる。よって，ブラッグ波長の変化分 $\Delta\lambda_B$〔nm〕を計測することによって，ひずみや温度の変化を求めることができる。ひずみ ε（$\times 10^{-6}$）は次式で換算する。

$$\varepsilon = C\Delta\lambda_B \tag{3.2}$$

ここで，校正値 C〔$\times 10^{-6}$/nm〕については，例えばブラッグ波長 1 557 nm のものでは[13]，833×10^{-6}/nm であり，ひずみの分解能は 0.8×10^{-6} 程度で，ひずみ計測の公称範囲は $40\,000 \times 10^{-6}$（4 %）となっている。

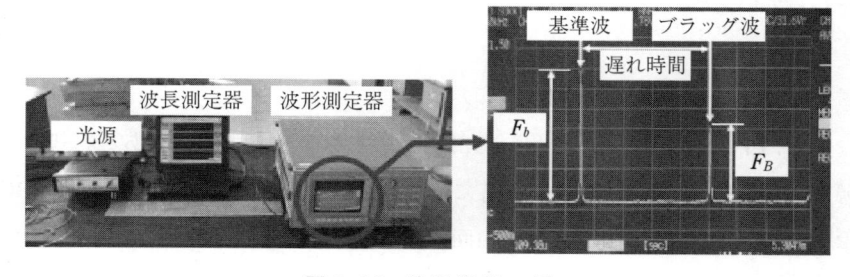

図 3.18 計測機器の例

単にこうしたひずみのみを計測することは，従来の一般的な電流式の箔ゲージ（以下，ひずみゲージと呼ぶ）と基本的に同様であり，ブラッグ波長測定（以下，波長測定）と呼んでいる。一方，図3.18のように，ブラッグ波の時刻歴（ブラッグ波の光パワースペクトル）を直接出力することも可能である。そうした計測を波形測定と呼ぶ。構造物の動的応答を計測する際には，後者の計測は困難であるが，波長測定では汎用の計測器でも最大サンプリング周波数は250 Hz～1 kHzである。

広帯域の光パルス入力では1 km程度の遠隔となるとブラッグ反射波が弱くなり計測が困難となる。そこで波長可変レーザ光を使用し改善したシステムを用いることにより，100 kmもの遠隔計測が可能となっている。ただ，計測器とFBGセンサとの間にはいくつかの光コネクタを介する必要ができるのが通常であり，そのコネクタ部での光ロスにより，実際は最大遠隔計測距離が短くなることとなる。

なお，温度センサとしてFBGを使用するときは次式で換算する。

$$T = D\Delta\lambda_B \tag{3.3}$$

ここで，T〔℃〕は温度，校正値D〔℃/nm〕については，例えばブラッグ波長1 557 nmのもので[14]，100 ℃/nmで，その分解能は0.1 ℃程度であり，公称の計測範囲は－40～300 ℃程度となっている。式(3.2)を考慮すると，1 ℃につきひずみ換算値で8.33×10^{-6}の見かけ上のひずみシフトが生ずることになり，それを補正することで温度補償ができる[15]。

3.4.4 複合材料ならびにその接合部の損傷モニタリング

FBGセンサはガラス製であり，GFRP（ガラス繊維補強高分子）材料との親和性は優れており，材料内に埋め込むことで，通常のひずみゲージでは測定できない材料内部のひずみ状態の変化をセンシングできる期待が大きい。

例えば，厚さ5.5 mmの引抜き成形GFRP 2枚を接着した試験体の引張実験[16),17)]に採用した例や，厚さ5.5 mmの引抜き成形GFRP 3枚を2面せん断形式にボルト接合し，破壊する1枚側FRPのボルト孔周辺にFBGセンサを装

ここでは，FRP 骨組構造に膜屋根葺材を取りつける際のボルト接合部の母材健全性モニタリング実験を行った例を示す[13]。FBG センサは，図 3.19 のように引抜き成形 GFRP 骨組母材を別な GFRP 板材で 3 層積層する際に，第 1 層と第 2 層の中間部に挿入し，中央の取りつけボルト孔中心から 25 mm（ボルトの孔径は 11 mm なので孔端からは約 20 mm）離れた位置の載荷軸方向に沿って埋め込まれた。

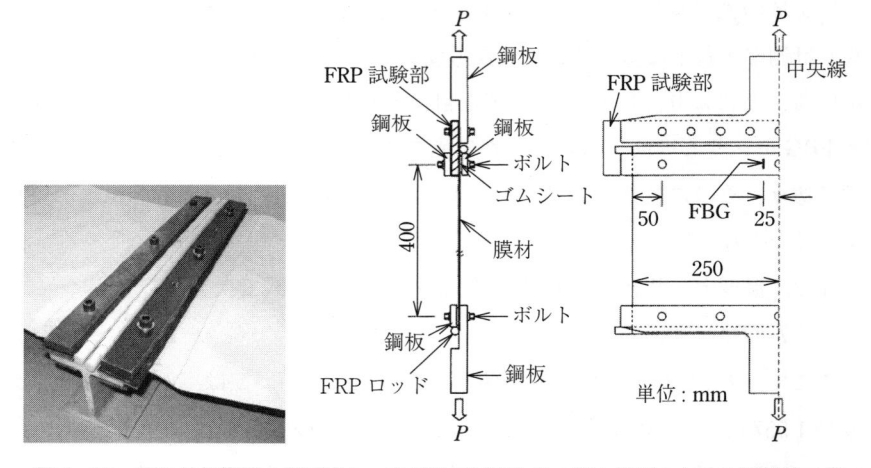

図 3.19　FRP 骨組構造の膜材取りつけ状況の写真とその耐力確認のための試験体の例

図 3.20 のように初期載荷過程では，ボルト締めによって接合部は摩擦力で応力伝達された結果，ボルト孔周辺のひずみ変化はなく，曲線は垂直に立ち上がっている。$P=9$ kN 付近で曲線は軟化を始めているので，ここですべりが発生し始めたことが読み取れる。さらに $P=38$ kN 付近で曲線は分岐し，最終的には膜材が破断した。

外見上，接合部には損傷が見られなかったので，膜材のみを新しいものに交換し，再度同様の実験をした。接合部内部の状態は，実際に構造物を利用しているときに観察することは不可能であるが，図 3.21 のように，接合部内部に埋め込まれた FBG センサからの光パワースペクトルを計測することで，損

3.4 建築のヘルスモニタリング（長寿命構造の光ファイバセンシング） 55

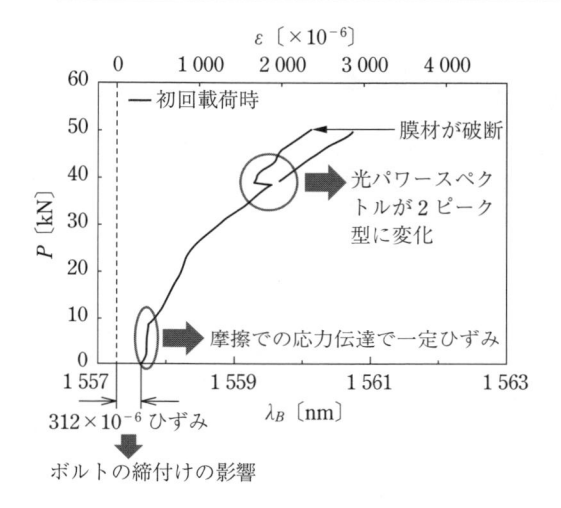

図 3.20 初回載荷時の引張荷重 P とブラッグ反射波長 λ_B の関係

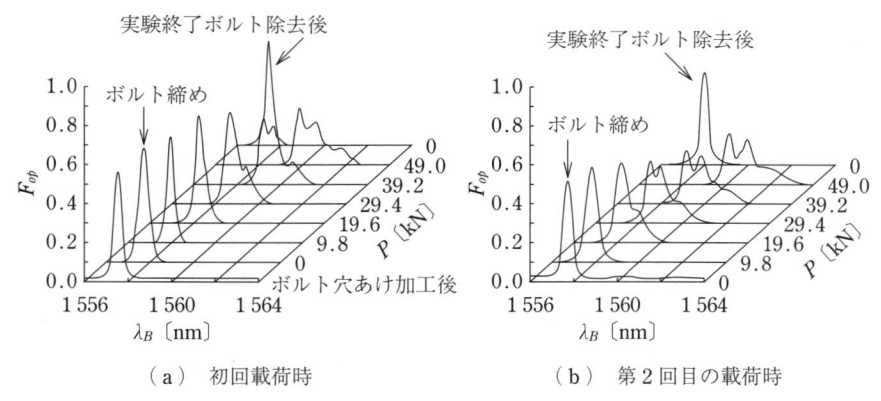

（a） 初回載荷時　　　　（b） 第 2 回目の載荷時

図 3.21 光パワースペクトル F_{op} の変化状況

傷の予知や進展状況を知ることができることを，この実験は明らかにしている。

3.4.5 鋼材ならびに鋼製制震部材の塑性進展モニタリング

図 3.22 は，鉄骨建築における制震工法の開発実験の例である[19]。ここでは，制震部材である中間梁 H 形鋼のフランジ表面に FBG センサが貼付されている。図中の（a）は載荷開始時点であり，弾性域の（b）での単一ピーク型

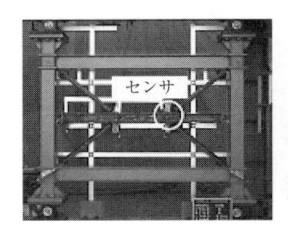

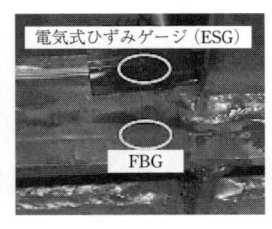

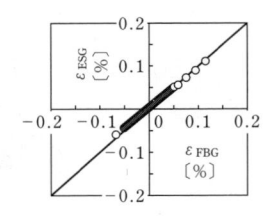

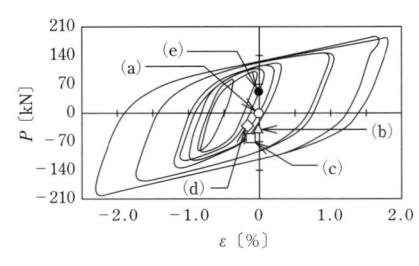

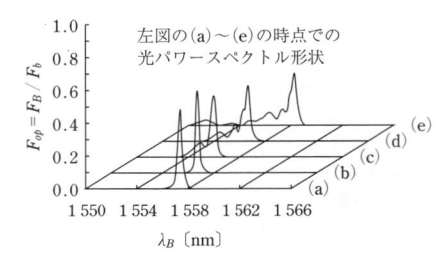

図3.22 中間梁降伏型制震システムの光ファイバセンシング

から初期降伏して塑性損傷が回復した後の（c）〜（e）での複数ピーク型に光パワースペクトルが変化し，繰返しとともにその形状の乱れは大きくなっている．また，一度塑性化して複数ピーク型になると，ひずみゲージからの出力がゼロ（平均ひずみがゼロ）となっても，複数ピーク型となっている．

このことは，制震部材の寄与で柱や梁の主構造体の健全性が守られ，強地震後に層間変形ゼロの状態に回復したとしても，光パワースペクトルを計測すれば，制震部材が地震時に塑性化したことを知ることができることを意味する．すなわち，常時計測で地震時振動状態を計測しなくても，地震後の適当な時期にFBG計測器で計測すれば，制震部材の塑性損傷の程度を概略知ることができるので，この種のデータの蓄積と建物全体の地震応答解析とから，柱や梁の損傷の有無を推定することが可能となる．

3.4.6 実構造物への適用事例

図3.23は，3.4.5項で実験した中間梁制震システムを，6階建ての事務所ビルに採用し，その光ファイバセンシングを実施した例を示したものである．FBGセンサは，1階と2階の北東ならびに南西に位置する制震部材H形鋼の

3.4 建築のヘルスモニタリング（長寿命構造の光ファイバセンシング）

中間梁型制震システム

FBG センサ貼付状況

FBG センサ設置位置

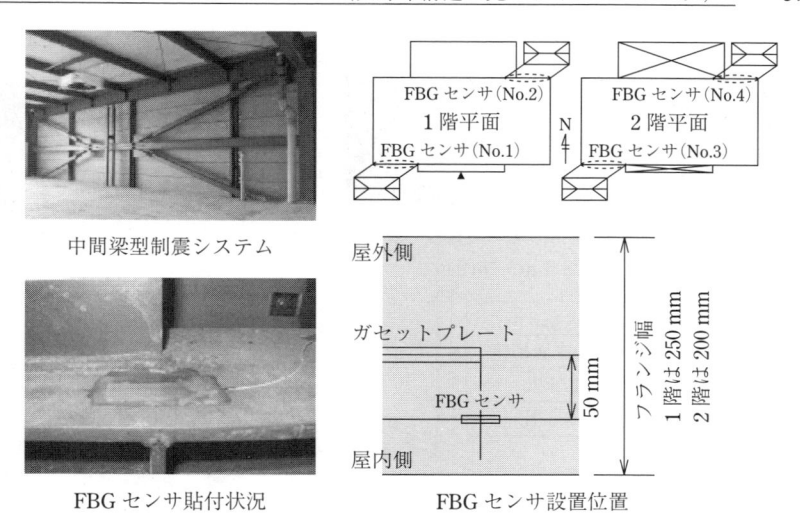

図 3.23 FBG センサ貼付箇所

フランジ部分に，それぞれ1枚ずつの合計4枚を設置した．初期計測はさらにその10日後の2005年3月10日に行い，第2回計測は2006年1月11日で，それぞれ同一の単一ピーク型の光パワースペクトルが得られ，期間中この建物が経験した地震動は高々震度4程度であったこともあり，すべての制震部材は弾性域で健全であることを知ることができた．

図 3.24 は，既設鋼橋での光ファイバセンシングの例である．対象の鋼橋（豊橋市畑ヶ田橋）は，1973年建設された3径間単純桁橋で，その主桁は3本，全長約62 m，幅6.8 mで，設計時の活荷重は196 kNである．図のように，スパン長 $L = 28.1$ m の中央支間の中央主桁と川下側外主桁に，FBG センサ，電気式ひずみゲージ（ESG），加速度計を，橋軸方向に支間の1/2と3/4の位置に設置した[20),21)]．屋外暴露状態で放置するので，温度補償用 FBG センサ2枚も設置した[22)]．

図 3.25 は，砕石を満載して車体も含めた合計の重さが 196 kN になるよう秤量された荷重車を，中央支間の1/4，1/2，3/4の3箇所で停車したときの静的載荷結果と，同じ荷重車を時速20 kmで走行させたときの動的載荷結果の一例である．L_x は畑ヶ田町側からの中央支間開始点からの距離である．図

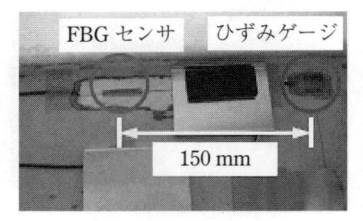

径間　16.9 m + 28.1 m + 16.9 m

橋長 × 全幅	62.47 m × 6.8 m
形式	鋼単純合成版桁橋
活荷重・等級	196 kN, 1 等橋
完成年月	昭和 48 年 3 月

図 3.24　既設鋼橋での FBG センサ設置例

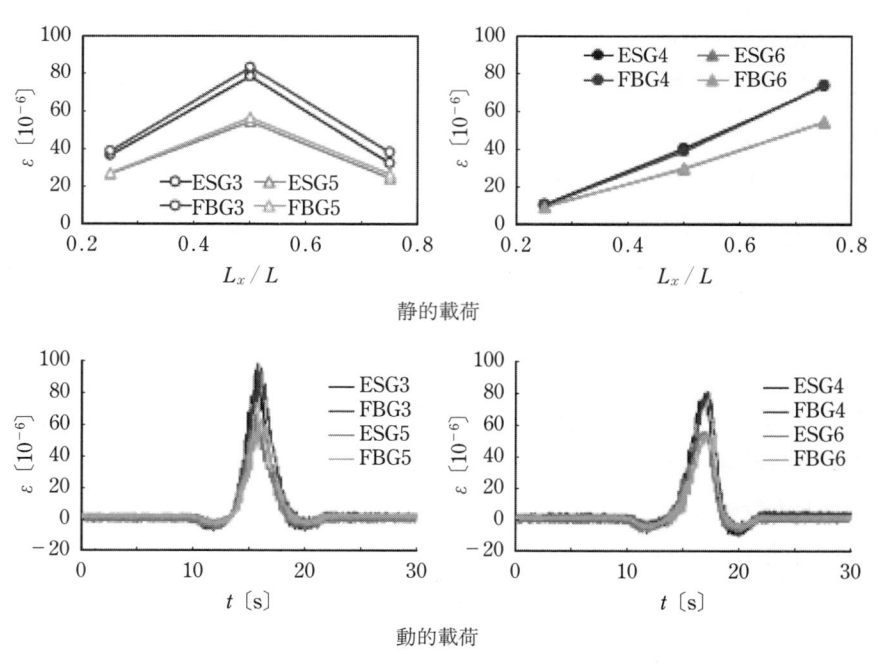

静的載荷

動的載荷

図 3.25　196 kN 荷重車を用いた FBG センシング結果

中の ESG は電気式ひずみゲージでの測定値，FBG は FBG センサでの測定値で，それぞれの記号で示した貼付位置に対応する記号である。ESG と FBG の測定値とよく一致している。荷重車が中央支間にさしかかる直前と通過直後で，わずかではあるが逆曲げ変形が生じた現象が計測できている。

カナダの ISIS (Intelligent Sensing for Innovative Structures)[23] や NRL (Naval Research Laboratory)[24] なども FBG センサを実橋に採用しているが，それらは計測器も橋に常時附設するもので高価な方式である。それに対し，山田[22]の方法は，訪問型モニタリング (visit monitoring) と称するもので，FBG センサのみを常時附設し，定期点検や地震後点検時に計測器を持参するもので，より安価で一般的な構造物への適用も期待できる。

3.5 建築・土木構造からの環境負荷低減

3.5.1 はじめに

建設産業は人間の日常活動に直接関係しており，その地球環境インパクトは他の産業分野のそれに比べてきわめて大きいといえる。建設産業において，生産・使用・廃棄のトータルの過程を通した総合的な環境負荷低減を進めることは，生態恒常性の観点からきわめて重要である。建築・土木構造物の一生（ライフサイクル）は，図 3.26 に示すように大きく三つの段階に分かれている。

低環境負荷を実現するためには，エコマテリアル，長寿命材料，低環境負荷材料を積極的に利用することや，廃棄された建設材料を再利用することも重要であるが，①既存建物に対して適切な補修や補強を行い長寿命化すること，②長寿命構造に適した材料や低環境負荷材料（システム）を積極的に利用した建物を建設してゆくことは，環境負荷低減につながると考えられる。残念なことに，現在の建設産業構造物の耐用年数は数十年という短い期間が設定され，設計・施工されているのが現状である。

また，わが国は世界有数の地震国であり，建物が長寿命になればなるほど，建物のライフサイクル中に地震に遭遇する確率が高くなる。そこで，長寿命構

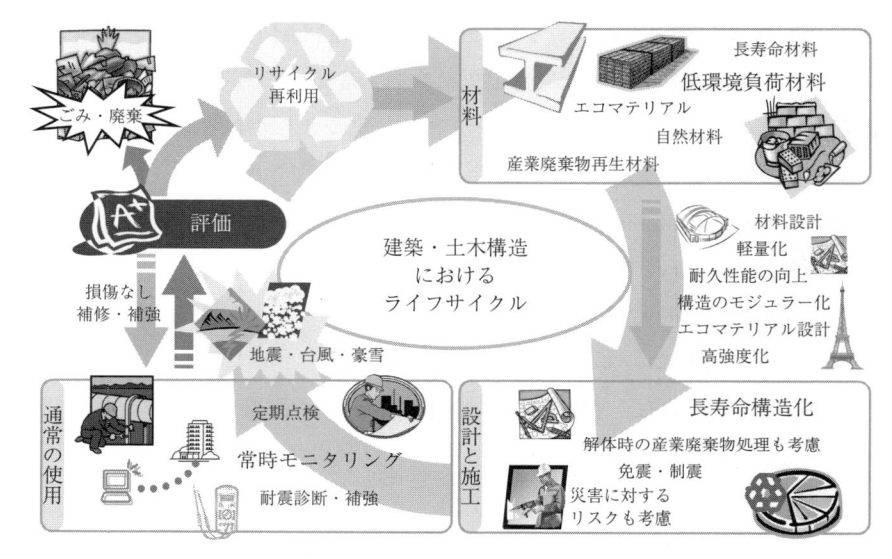

図 3.26 建築・土木の構造分野におけるライフサイクル

造の設計には，地震による被害を軽減する工夫が重要となる。例えば，環境に優しい材料やシステムを取り込んだ建物であっても，建物の耐震性が低ければ，地震時に大きなダメージを受け，廃棄物の処理や補修の必要性から，環境に多大な負荷を与えることになる。さらに，建設による環境インパクトをできるだけ低減する試みも進められている。建物の通常のライフサイクルを構造の視点材料，設計と施工，通常の使用，の三つに分け，それぞれに対して，「安心，安全かつ環境に優しい生活」を目指し，地震時の人命，経済，環境への被害低減を含めた低環境負荷でかつ長寿命である構造を実現するために，建物を長持ちさせる材料の工夫，設計と施工建物を地震から守る装置の工夫，建物の健康状態を把握する工夫を提案する必要がある。

　建築・土木構造分野から環境負荷を低減するための長寿命構造を実現するための取組みとしては，① 既存建築物の耐震性能評価と耐震補強，② 地盤と基礎の安全性の評価，③ 低環境負荷材料を用いた構造物の提案，④ 免震・制震装置を用いた構造物の提案，⑤ 構造物のモニタリング手法がある（**図 3.27**）。

　すでに存在している建築物を長寿命化するためには，耐震補強が有効であ

3.5 建築・土木構造からの環境負荷低減

| 既存建築物の耐震性能評価と耐震補強 | 低環境負荷材料を用いた構造物の提案 |

既存建築物の耐震性能評価と耐震補強
既存建築物の強度の実験的な検証，効率的な耐久補強方法の提案をすることにより，建物の長寿命化を図る。
◎木質構造の耐震性能評価
◎RC構造の耐震性能評価

地盤と基礎の安全性の評価
構造物の地震時安定性を作用する地盤の液状化現象の可能性やそれによる構造物への影響を調べ，地震に強い地盤や構造物の設計法や施工法を提供する。
◎港湾における試験岸壁の地震時挙動観察
◎液状化地盤における杭基礎の実験

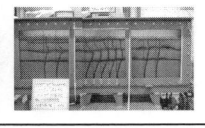

低環境負荷材料を用いた構造物の提案
環境負荷の少ない構造物を目標として，新しい材料を構造材に使用する方法を検討する。
◎FRP部材による構造形式
◎木質ハイブリッド構造

免震・制震装置を用いた構造物の提案
免震・制震装置の開発，効率的な導入量，設計法を検討し，建物の揺れを低減させ，被害を減らす。
◎体育館鉄塔，冷却塔の耐震補強
◎非構造部材による制震工法の開発

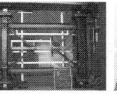

構造物のモニタリング手法
光ファイバセンサを用いて，地震時の被害をモニタリングすることで補修の指標を提供する。
◎橋梁の光ファイバセンシング法
◎実構造物のモニタリング

図3.27 建築・土木構造物における長寿命構造への取組みの例

る，その建築物の性能を正しく把握しなければ，効率的な補強を行うことは不可能である。そこで，実験により木質構造とRC（鉄筋コンクリート）構造を対象として，静的繰返し載荷により，その耐震性能評価を明らかにする実験を行っている。

構造物が健全であっても，立地する地盤が不安定であれば，十分な性能を発揮することはできない。そこで，構造物の地震時安定性を左右する地盤の液状化の危険性や，港湾における岸壁の地震時挙動の分析，液状化地盤が杭基礎に与える影響を実験により明らかにする。

環境負荷を低減する手法として，環境負荷の少ない新しい材料を構造材料として使用する方法や，これまでの構造に新たな工夫を用いる方法が非常に有効となる。経年劣化が少なく，重量が鋼材などに比較して軽い材料であるFRPを用いて大空間構造物を作成することで，部材使用量が少なく長寿命な構造物を提案する。また，RC構造と木質構造を合わせることにより，木造よりも寿命が長く，耐震性能が高い構造物を実現し，RC構造と比較して型枠などの施

工時の廃材を減少させた低環境負荷かつ長寿命構造を実現する施工方法の提案も挙げられる。

　免震・制震装置を開発し，その効率的な導入量，設計法を検討し，建物の揺れを低減させることで被害を減らす検討を行っている。地震後に建物の損傷を簡便に把握することは，的確な補修を行う上で非常に重要となるため，光ファイバセンサを用いた評価手法の有用性を検討している。本節ではこれらの取組みのうち，具体例を挙げて説明を行う。

3.5.2　低環境負荷材料を用いた構造形式の提案 —— FRP 材料の利用

　FRP は，耐食，耐候性に優れ，メンテナンスフリーであることから，長寿命構造に最適であり，軽量で高強度であるため，耐震性が高い構造物を実現することが可能となる。一般に FRP は製造時の単位生産重量当りの CO_2 排出量が多いといわれているが，図 3.28 に示すような連続引抜き成形法という製造法を用いれば比較的少なく抑えることができ，かつ比強度（強度の比重に対する比）が鋼材の約 4 倍以上であることに耐久性を加味すると，環境に与えるインパクトは鋼材やコンクリート材に比して小さいエコマテリアルである。

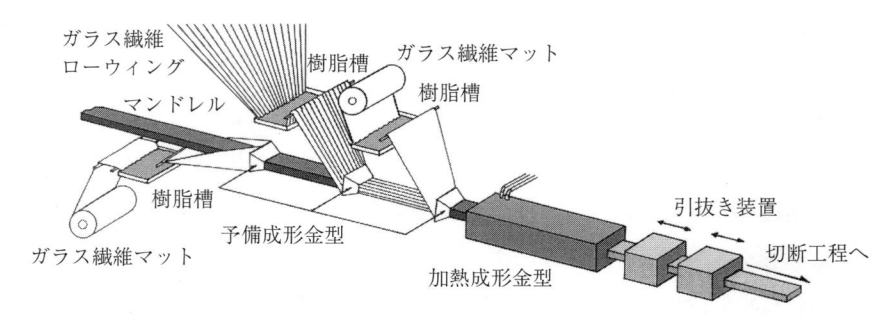

図 3.28　連続引抜き成形法

　また連続引抜き成形法は，建築構造材料としての同一断面形状，適切な部材長という要求にも適した成形法である。これは，① 樹脂槽に含浸させた強化繊維を必要量だけ引きそろえ，② 成形品の横断面と同じ形状をした加熱成形金型に引き込み，③ 型内で熱硬化させ，引抜き装置で連続的に成形し，④ 所

定の長さに切断する成形法である。このような FRP 材の強度を担う強化繊維材には，ガラス繊維（**図 3.29**）やカーボン繊維などがある。

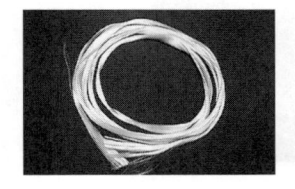

図 3.29 強化繊維（ガラス繊維）の例

この連続引抜き成形されたガラス繊維 FRP 材を構造物に使用するためには，柱，梁などの部材としての材料特性，崩壊挙動の把握が必要になる。このため，具体的には，単柱，長柱の圧縮実験，破壊実験を通して破壊挙動の確認と詳細な材料特性の把握が行われている（**図 3.30**）。

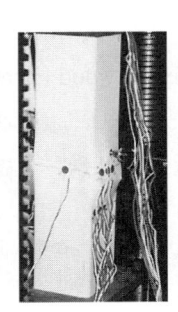

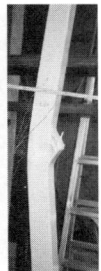

図 3.30 単柱，長柱の圧縮実験，破壊実験[25]

また，部材と部材をつなぐ接合部も構造上必要不可欠な部分であり，さまざまな実験が行われている。例えば，接合部の破壊挙動や強度を確認するための実験が行われている（**図 3.31**）。また，高強度な FRP 材料の強度を十分に生かして破壊させるような接合手法についての研究も進められつつある。

さらに，鋼材などのほかの構造材料に比して軽量であるという特性を利用して，骨組膜構造の骨組に FRP 材料を使用する構造形態の提案も行われている。このため，膜材を取りつけた引張実験[27]を行い，最適な FRP 部材の検討，損傷部位の特定などの検討も行われている（**図 3.32**）。さらに新設構造物への

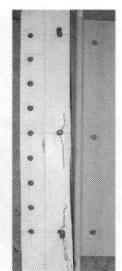

図 3.31 接合部の破壊実験[26]

図 3.32 膜材を取りつけた引張実験[27]

適用のみではなく，既存構造物への補強材料としての適用性についての検討も行われている。

　FRP 材料以外としては，既存の建築材料を組み合わせて耐震性能を高めることにより長寿命構造を実現させることもできる。例えば，鉄骨コンクリート内蔵した集成材（engineering wood encased concrete-steel, EWECS）を柱材に，鉄骨を内蔵した集成材（engineering wood encased steel, EWES）を梁材にもつ中高層木質ハイブリッド建築システム[28]（**図 3.33**）の提案もその一つである。これらの研究では，EWECS 部材に対して載荷試験を行い部材の耐震性能を確認している（**図 3.34**）。

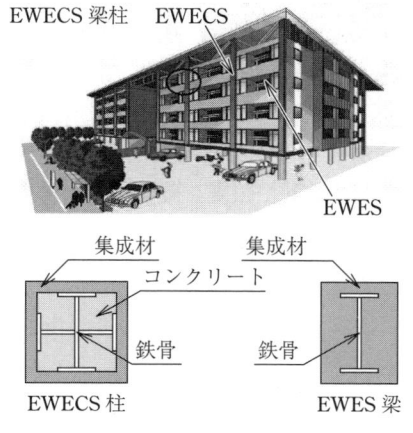

図 3.33 中高層木質ハイブリッド建築システム[28]

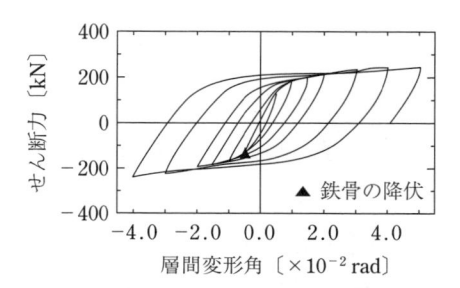

図 3.34 復元力特性（EWECS）[28]

3.5.3 免震・制震装置を用いた構造物の長寿命化

地震国である日本においては，免震・制震装置を導入することにより，構造物を長寿命化することが可能となる。その一方，寿命が長くなることによって，想定される地震の強さが大きくなる。そのため，エネルギー効率のよい制震装置の開発，最適な導入量，導入手法の検討，装置導入後の耐震性能の評価を行うことが重要となる。ここでは，免震・制震装置を用いた構造物の長寿命化に対する取組みの事例を紹介する。

〔1〕 **曲げ降伏型制震装置**

曲げ降伏型制震装置[29),30)]は，構造物を構成するいちばん小さな単位構造である梁，柱の枠組みの中にエネルギー吸収部材を導入した制震機構である（**図3.35**）。

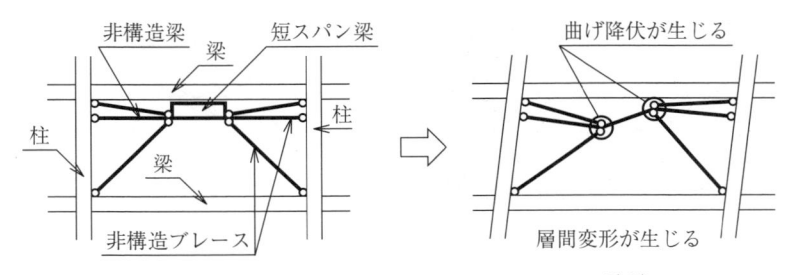

図3.35 曲げ降伏型制震装置の基本コンセプト[29),30)]

制震機構の効果を検討するために，小型振動模型による加振実験が行われ，応答低減効果が確認されている（**図3.36**）。

また，数値解析によっても制震構造の有用性が示されている。さらに，実物大に近い試験体（実物の1/3の縮尺試験体）を製作し，静的繰返し載荷実験を行うことにより，制震機構の挙動を確認し，制震機構として機能することを実証している。また，エネルギー吸収性能を分析し，その有用性を検討した（**図3.37**）。

〔2〕 **座屈拘束ブレースによる構造物の設計**

座屈拘束ブレースなどの制震ブレースを導入することにより応答を低減する方法が一般的になりつつある。ここでは，二つの構造形式に対して制震ブレー

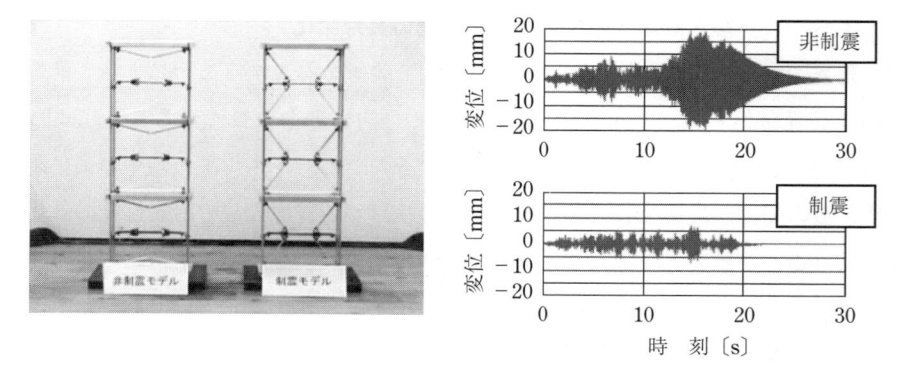

66   3. 住から見た生態恒常性工学

図3.36 小型振動模型による加振実験[31]

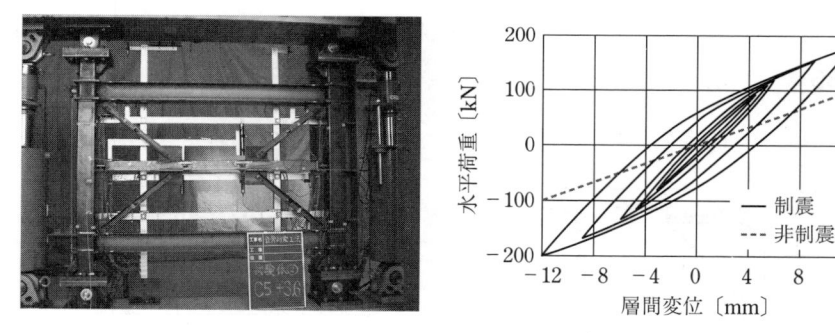

図3.37 静的繰返し載荷実験[29]

スを導入した検討事例を示す。

　RC冷却塔は，発電所や化学プラントから出る温排水を冷却する目的で設置される。近年，冷却塔はトルコや中国，インドなどの地震国でも建設されつつあり，耐震設計の必要性が高まっている。そこで，第1層目に座屈拘束部材が導入された鋼構造冷却塔[32]（**図3.38**）の耐震性が検討されている。

　座屈拘束部材は，子午線部材とブレース部材の両方を座屈拘束部材とするタイプ1と，ブレース部材のみを座屈拘束部材とするタイプ2の2種類が検討されている。両方とも座屈拘束ブレースにより応答が大きく低減されていることが示されている（**図3.39**）。また，地震後の継続利用を考えれば，座屈拘束部材の配置方法としてタイプ2が望ましいことが示されている。

　阪神・淡路大震災以後，建築構造物やライフラインの耐震補強が大きな社会

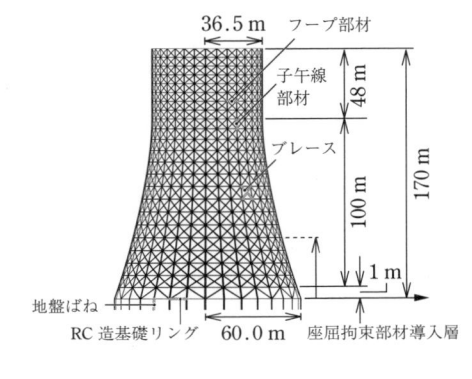

3.5 建築・土木構造からの環境負荷低減

図3.38 座屈拘束ブレースが導入された冷却塔

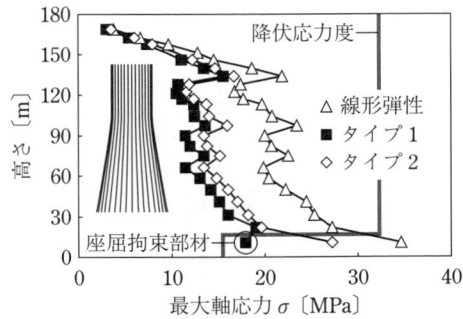

図3.39 子午線部材の最大軸応力分布（水平地震時）[32]

問題となっている．通信鉄塔は，発電・送電の連絡網を構成する重要な構造体であり，震災後も機能を維持し，利用可能である必要がある．比較的簡単な補強法で通信鉄塔の耐震性能を高めることができれば，建替えを行う必要はなく，長寿命化が可能となる．通信鉄塔の既存斜材の一部を座屈拘束ブレースに取り替える耐震補強法が提案され，大地震に対して安全かどうかが検討されている．**図3.40**は鉄筋コンクリート建物の上にある通信鉄塔の一例[33]である．

図3.41に示すように，座屈拘束ブレースを第1層，第1～2層，第1～5層に配した補強モデルをそれぞれ，タイプ1，タイプ2，タイプ3とし，大地震に対して柱材や既存斜材を座屈させないような補強が可能であることが示されている．図中の N_{cr} は短期許容圧縮軸力を示している．図より，座屈拘束ブレースの配置方法により応答軸力の低減率は変化し，遺伝的アルゴリズムを用いた座屈拘束ブレースの最適配置方法や最適導入量の決定方法の提案[33]がさ

図 3.40 鉄筋コンクリート建物の上にある通信鉄塔の例

（a）柱材軸力分布　　（b）斜材軸力分布

○ 鉄塔弾性　● タイプ1　■ タイプ2　◇ タイプ3

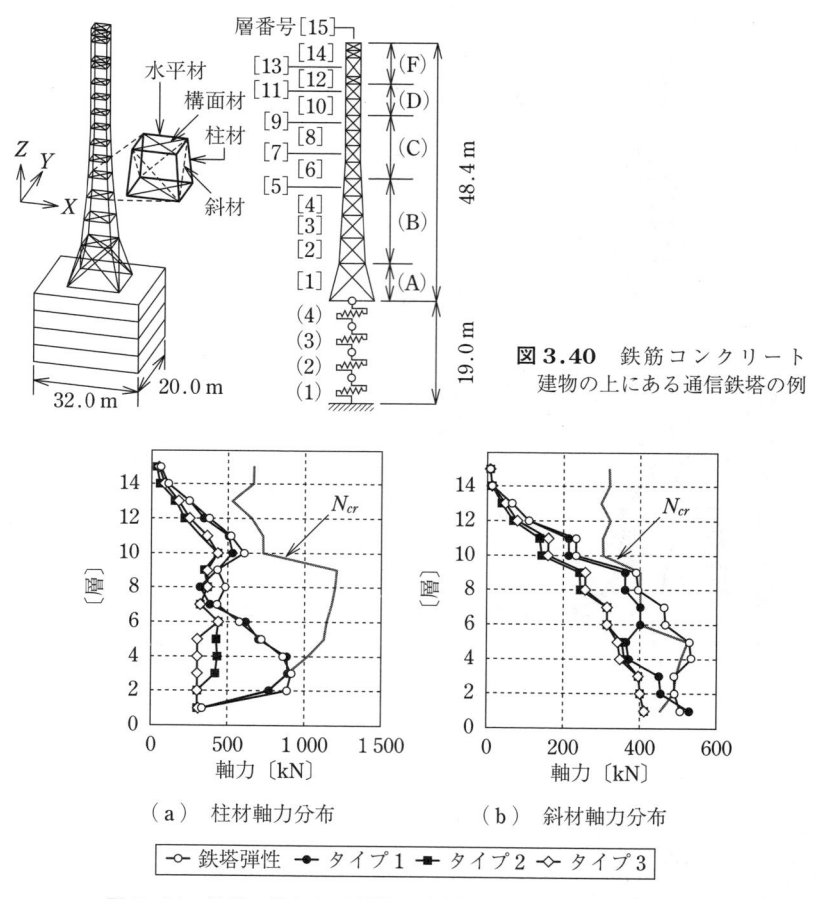

図 3.41 鉄塔の柱および斜材の最大軸応力度分布（安全限界レベルの地震入力）[33]

れている。

〔3〕 空間構造物の免震・制震

体育館やドームのような大空間を覆う空間構造は，地震後に避難施設として使用される場合が多い。このため，大地震がおきたときに空間構造がどのように揺れるか（空間構造の地震応答性状）や，どの程度の地震にまで耐えることができるか（空間構造の耐震性能）に関する検討がなされてきた。近年では，免震装置や制震装置を取り入れた空間構造の設計がなされるようになってい

3.5 建築・土木構造からの環境負荷低減

る。このような空間構造物の耐震性を高め，また確保するための方法として，

① ドームと下部構造の間に免震装置やすべり支承などを設置する中間層免震（図3.42）

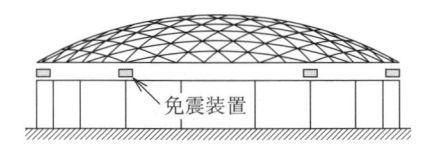

図3.42 中間層免震ドーム

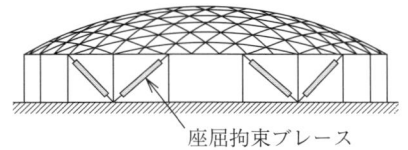

図3.43 座屈拘束ブレースを導入したドーム

② 下部構造に制震ダンパーを導入した下部構造降伏型の設計法（図3.43）
③ 粘弾性ダンパーなどによるテンション構造の応答制御法

などが新たに提案されている。

下部構造とドームの間に免震装置を導入した中間層免震ドーム[34)]では，免震層が地震エネルギーを逃がすために上部ドームの応答は大きく低減される。現在ではこのような中間層免震の考え方は広く実際の設計に利用されつつあり，西京極総合運動公園プール[35)]，山口きらら博記念公園内の多目的ドーム（きらら元気ドーム）[36)]（図3.44），平賀ドームを実例として挙げることができる。

図3.44 中間層免震ドームの例（きらら元気ドーム）

下部構造にダンパーを導入すれば，中間層免震と同様に上部屋根架構への地震入力が大きく低減される。このため，下部構造のみを塑性化し，上部屋根架構を弾性範囲とするような損傷制御設計[37)]が可能となる。さまざまな空間構

造の形状（ドーム形状，矩形屋根型円筒）についても，下部支持構造を制震化する研究がなされ，それによって屋根部の鉛直・水平方向ともに振動が大きく低減されることが明らかになっている。このような考えによる実施例としては，豊田スタジアム[39]，しもきた克雪ドーム[40]（図3.45）が挙げられる。

図3.45 下部構造に座屈拘束ブレースを導入したドームの例（しもきた克雪ドーム）[40]

3.5.4 既存建築物の耐震性能評価と耐震補強

すでに存在している建築物を長寿命化するためには，耐震補強が有効である。その建築物の性能を正しく把握しなければ，効率的な補強を行うことは不可能である。そこで，実際に建てられている木質構造とRC構造の耐震要素を対象として，静的繰返し載荷によりその耐震性能評価を明らかにする実験も多く行われている（図3.46）。これらの構造要素の耐震性能を十分に把握した

（a）RC 構造　　　　　　　　（b）木質構造

図3.46 耐震性能試験[43]

耐震補強が必要であり，構造物の長寿命化には欠かせない研究であるといえよう。

3.6 米・英国の学校の環境教育とサステナブルデザイン先進事例の研究

3.6.1 米・英国の学校におけるサステナブルデザインへの取組み

米・英国では，環境に配慮した社会の実現に向けた学校での取組みの一つとして，学校教育面では，21世紀の生活スタイルに大きな影響を与える子供たちへの生態恒常性教育をプロジェクト形式で行う先進事例をもち，学校施設面では生態環境学習教材として活用できるリサイクル材の使用や環境負荷を抑えるサステナブルシステムを積極的に導入している。これらの動きはわが国でも文科省などによってエコスクールパイロットモデル事業などとして推進されている。

ここでは米・英国の海外先進事例とその環境負荷低減に向けた評価方法への実態調査研究の成果に基づいて，地球環境に優しい学校施設計画や環境学習への設備利用に向けた新しい考え方を紹介する。

3.6.2 サステナブルデザインとは何か

サステナブルデザイン（sustainable design）とは，「持続可能な計画・設計」の意味である。「持続可能な」とは，石油などの資源の使用を抑えてCO_2の排出などの環境へ与える負荷を低減し，森林によるCO_2の吸収などの自然の回復力とのバランスを維持することで，人間を含めた生物が生き続けられるという意味である。サステナブルデザインの具体的な例を**図3.47**に示す。事例には建設時にリサイクル可能な材料や廃棄物からリサイクルしてつくった材料を使用し，何十年も建物を使用することを考えて，石油などを用いなくても快適な生活が送れるように太陽光・雨水・風などの自然エネルギーを活用できる仕組みが盛り込まれている。

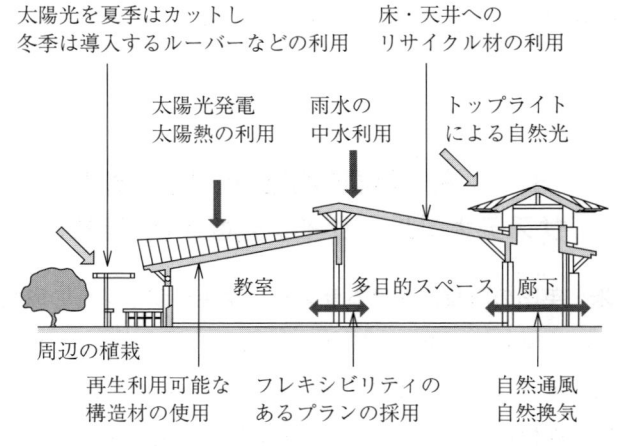

図 3.47 日本のエコスクールの設楽中学校（愛知県）に見るサステナブルデザインの具体例

3.6.3 LEED とは何か

Leadership in Energy and Environmental Design Green Building Rating System の頭文字による略称が LEED[44] である。LEED は米国の政府機関や民間企業などを出資者とする民間組織の U.S. Green Building Council が運営し，環境に配慮した高性能な建物の計画・建設・運営を図るための国家的なシステムである。簡単にいえば，上記のサステナブルデザインの具体的な性能を計って評価する仕組みと言い換えることができる。LEED システムは，学校建築だけでなく，商業ビル・住宅などすべての種類の建物から地域開発に至るまで評価するシステムへと適用範囲を広げている。

学校建築の場合，米国の教育委員会にあたる学区（school district）は，建築設計事務所に対して LEED 認定を得られることを設計要件の一つとして加える場合が増えている。LEED は，そのプロジェクトが達成レベルに応じてシルバー，ゴールド，プラチナというレベルづけを行っている。

より高いレベルの認定を受けることは，施主にとっては，その学校が建設時と使用時に利用する資源の量を減らし，経費の節減にもつながることを意味している。

3.6.4 LEEDプロジェクトなどにおけるカテゴリーと項目

LEEDシステムの評価を想定して計画された学校建築は，評価項目にある広範囲のカテゴリーを考慮して計画されている。以下ではそれらのうちで，LEEDシステムの学校3校と英国のサステナブル国際競技設計の1校の具体的なカテゴリーの内容（項目の数字は全校統一）の分析結果[45,46]を示す。

〔1〕 **Clearview Elementary School**（米国）

この学校は2002年に建設され，幼稚園から4学年までの学校である。LEEDシステムで42ポイントを取得してゴールドレベルを得ている。教室を北側に，廊下を南側に配置し，また南側の壁を二重にして夏の日照を防ぎ，冬の採光を可能にしている（**図3.48**）。

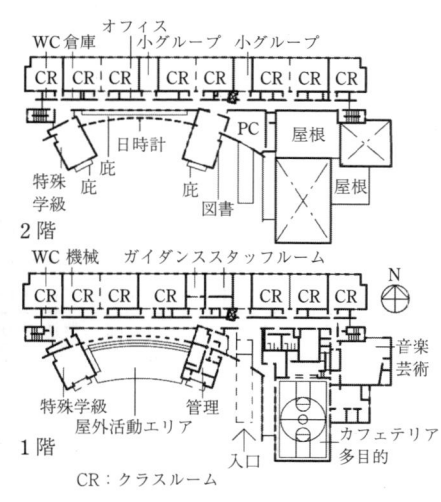

図3.48 Clearview Elementary School（Hanover, USA）

表3.5のように7カテゴリーを考慮し，(1)，(10)，(11) の3カテゴリーを特に重視し，最も項目数の多い「省エネルギー」では，6項目が考慮され，内容は「方位」，「断熱」，「採光」，「色彩」，「暖冷房」，「換気」である。つぎに多い「敷地計画への配慮」は4項目で「敷地選定」，「敷地の撹乱」，「景観構成」，「洪水管理」である。3番目の項目数の「環境学習教材としての学校建築」は2項目で，「カリキュラム」，「設備」で，後者はまだ日本ではあまり見られ

74　3. 住から見た生態恒常性工学

表 3.5 Clearview Elementary School のカテゴリーと項目

カテゴリー	項目と内容
(1) 環境学習教材とし ての学校建築	1. カリキュラム：建物を使った授業のカリキュラムを増やす 3. 設備：無水便器の利用
(7) エコロジカルな面 の検査	1. 建設管理のチェック：建設業者からの廃棄物管理計画の要求 2. エネルギーと水の管理：水利用の 30 %，エネルギー利用の 40 %の抑制へ目標の決定 3. モニタリングあるいはテスト：採光に配慮した計画による学生の生活行動への影響を他校の結果と比較する
(8) エコロジカルな材 料とディテール	1. エコロジカルな材料の利用：アクセスフロアの採用，ホルムアルデヒド不使用の根太，高作動窓とガラス，金属枠のスカイライト，繰返し使用型枠 2. 地域の材料利用：地域で製材された米ツガの床材 3. 水利用の抑制：無水便器の利用
(9) リサイクル材料の 利用	1. リサイクル材料：建築資材，セルローズ断熱，構造の高密度ファイバーボードパネル，ゴム質床材の 50 %以上のリサイクル資材の利用
(10) 省エネルギー	1. 方位：適切な建物の方位の決定 2. 断熱：断熱のコンクリート型枠の使用，三重ガラスの窓，多くの断熱しにくい場所のスプレー式の断熱材の利用，床スラブ外辺部断熱の利用 3. 採光：採光のための南北屋根モニターと高窓の利用 5. 色彩：表面や仕上げに明るい色彩を利用 6. 暖冷房：暖冷房の熱源として地熱の利用 7. 換気：熱回収・デマンドコントロール換気の利用
(11) 敷地計画への配慮	1. 敷地選定：同じ敷地での既存施設の配置換え 2. 敷地の撹乱：すべての既存の樹木を残す 3. 景観構成：地元の植生を使った景観構成 4. 洪水管理：駐車場に日陰をつくり，保水抵抗の高い樹木を植える
(12) その他	1. 建設廃材管理：埋立て処理予定の廃材を 50 %以上変更するとの建設業者からの要求

ない無水便器を設置して水の節約を学習させている．特に重視したカテゴリー以外で項目が多いのは，「エコロジカルな面の検査」と「エコロジカルな材料とディテール」がともに 3 項目で，前者は「建設管理のチェック」，「エネルギーと水の管理」，「モニタリングあるいはテスト」，後者は「エコロジカルな材料の利用」，「地域の材料利用」，「水利用の抑制」である．以上のように 7 カテゴリーと 20 項目について計画で考慮し，LEED システムで Clearview

Elementary school はゴールドレベルの評価を受けた。

〔2〕 **Third Creek Elementary School**（米国）

この学校は2002年に建設され，幼稚園前教育から5学年までの学校である。LEEDシステムで39ポイントを獲得してゴールドレベルを得ている。フィンガープランを採用し，教室を南と北に配置して教室環境の制御を容易にしている。入口近くに体育館などを配置し，それらの施設と教室ゾーンの間に管理エリアを配置して，地域開放や管理と安全の確保を容易にしている（**図3.49**）。

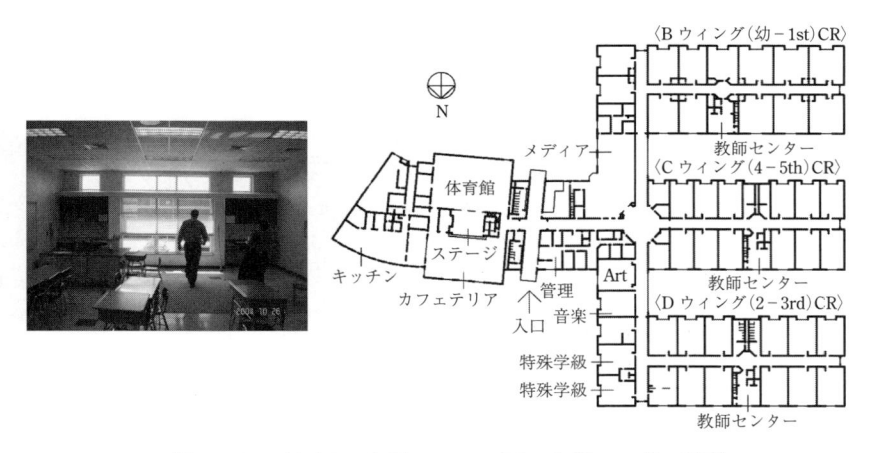

図3.49 Third Creek Elementary School（Statesville, USA）

表3.6のように7カテゴリーを考慮し，(10)，(11) の二つのカテゴリーを特に重視し，最も項目数が多い「省エネルギー」は7項目の「方位」，「断熱」，「採光」，「採光調節」，「色彩」，「暖冷房」，「換気」である。つぎの「敷地計画への配慮」は3項目で「敷地の撹乱」，「景観構成」，「洪水管理」である。主カテゴリー以外の項目で多いのは「環境学習教材としての学校建築」と「エコロジカルな面の検査」でともに3項目である。前者の項目は「カリキュラム」，「場所」，「設備」で，前事例にない「場所」は学生による湿地などへの植樹で保水力のある場所の形成である。後者は「建設管理のチェック」，「モニタリングあるいはテスト」，「建設中の室内空気の質のチェック」である。最後の項目は前事例にはなく，建設中および使用前の現場の室内空気の管理である。つい

表 3.6 Third Creek Elementary School のカテゴリーと項目

カテゴリー	項目と内容
(1) 環境学習教材として の学校建築	1. カリキュラム：科学，数学，書き方，芸術のための屋外教室の湿地・池 2. 場所：学生は湿地・池，中庭の学習庭園に地元の保水力のある植物を植える 3. 設備：無水便器の利用
(7) エコロジカルな面の検査	1. 建設管理のチェック：現地で分別される建設廃材管理，さまざまな存在物の運搬と重量による追跡 3. モニタリングあるいはテスト：エネルギー勘定とモデルとの比較 5. 建設中の室内空気の質のチェック：建設中と使用前の現場の室内空気の管理
(8) エコロジカルな材料とディテール	1. エコロジカルな材料の利用：FSC 認定の板をコアにしたドア，ホルムアルデヒドを基本にした樹脂でなく造られた藁のパーティクルボード 3. 水利用の抑制：無水便器の利用
(9) リサイクル材料の利用	1. リサイクル材料：建設資材，リサイクルカーペットタイル，セルローズ断熱材，リサイクルガラスセラミックなど 50 % 以上のリサイクル材料の利用 2. リサイクル可能な材料：主要なリサイクル材料を構成するコンクリート，れんが，鉄
(10) 省エネルギー	1. 方位：東西軸に沿って建物を方向づける 2. 断熱：平均より上の断熱レベル，低放射の窓 3. 採光：自然光を教室深く分散させる全教室に設けた南面の張り出すインテリア採光棚 4. 採光調節：利用者センサによる照明管理，小面積を範囲とするスイッチゾーン 5. 色彩：外部の壁と屋根に明るい色彩の利用 6. 暖冷房：エネルギー効率基準に基づく機械と電気設備 7. 換気：熱回収換気の利用
(11) 敷地計画への配慮	2. 敷地の撹乱：建設による撹乱の限界の設定 3. 景観構成：景観と学校建物を維持する統合害虫管理プログラム 4. 洪水管理：洪水管理施設としての湿地・池，5 年以内に不浸透性の表面の 30 % を陰にするため木を植える
(12) その他	1. 建設廃材管理を含めた建設プロセス：建設廃材の重量で 50 % 以上を地域の埋立てから変更する

で 2 項目の「エコロジカルな材料とディテール」，「リサイクル材料の利用」で，前者は「エコロジカルな材料の利用」と「水利用の抑制（無水便器）」で，後者は「リサイクル材料」と「リサイクル可能な材料」である．1 項目のみのカテゴリー「その他」は，「建設廃材管理を含めた建設プロセス」で，建設廃

材の管理と廃材の削減である。以上のように評価項目のうち7カテゴリーと21項目を計画で考慮し，LEEDシステムでゴールドレベルを獲得している。

〔3〕 **Roy Lee Walker Elementary School**（米国）

この学校は2000年に建設され，幼稚園から5学年までの学校である。LEEDシステムができる前で，米国の学校や建築事務所アンケート調査でよい事例として挙げられ，米国教育施設計画協会などの学校関係2賞を受賞している。フィンガープランを採用し，入口の近くに体育館などを配置し，地域開放とその管理を容易にしている（**図3.50**）。

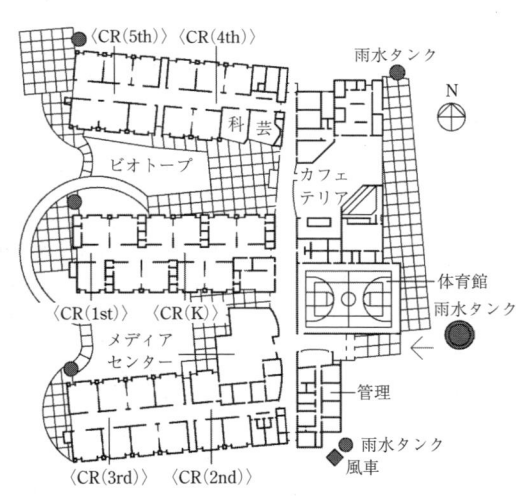

図3.50 Roy Lee Walker Elementary School（Mckinney, USA）

表3.7のように8カテゴリーを考慮し，(1)，(9)，(10)の3カテゴリーを特に重視し，最も項目数が多い「省エネルギー」は，「方位」，「断熱」，「採光」，「採光調節」，「色彩」，「自然のエネルギー利用」の6項目で，前2事例に比べ最後に挙げた項目が異なり，逆に「暖冷房」と「換気」の項目がない。ついでともに2項目の「環境学習教材としての学校建築」と「リサイクル材料の利用」で，前者は「カリキュラム」と「設備」（日時計，風車，雨水タンクなど），後者は「リサイクル材料」と「リサイクル可能な材料」である。主以外のカテゴリーは，「エコロジカルな材料とディテール」と「その他」がともに

表 3.7 Roy Lee Walker Elementary School のカテゴリーと項目

カテゴリー	項目と内容
(1) 環境学習教材としての学校建築	1. カリキュラム：学校教育へのエコ教育システムの導入。学生がデザインとそれがいかに環境に影響するかを理解するようにサステナブルデザインをカリキュラムに組み込む。学生は，学校で学んだ後，家に帰り環境保護についての情報を両親やコミュニティメンバーと共有する。 3. 設備：日時計は，時間と季節ごとに変化する太陽と地球の関係を示す。直径9mの大きな風車，雨水を集める6箇所のタンク。雨水量の目盛りの役をし，教育の道具でもあるガラスチューブ。デモ用のスプリンクラー管理と水のパイプを見せる。
(6) サステナブルデザインの構造	1. リサイクル可能な構造材：リサイクル可能な木とれんがの利用
(7) エコロジカルな面の検査	3. モニタリングあるいはテスト：人を雇用して常時モニタリングして整理する
(8) エコロジカルな材料とディテール	1. エコロジカルな材料の利用：コルクボード，VOC ゼロ放出で生産に小エネルギーのトタン，環境に関する建設の汚染効果を抑制する環境に優しい製品の利用の最大化 2. 地域の材料の利用：地域材料のみの利用
(9) リサイクル材料の利用	1. リサイクル材料：リサイクル製品の利用の最大化 2. リサイクル可能な材料：建設中のすべての建物廃材のリサイクルを建設業者に要求（材料の分類を維持するための3種類の大型ごみ回収箱を利用し，常時モニターするために人を雇用する）
(10) 省エネルギー	1. 方位：東西軸に沿って建物を向ける。東西面はガラスを最小限の利用とし，南北面には多く利用。 2. 断熱：高断熱壁と天井断熱 3. 採光：その日の2/3を自然光で賄う自然光の利用（教室のスカイライト，廊下の高窓など） 4. 採光調節：太陽光をチェックする採光モニターの利用，自然光を反射させ平均に提供し，学習スペースにまぶしくない光を提供する。 5. 色彩：屋根と壁の仕上げ材に明るい色を使用する。 8. 自然のエネルギーの利用：学校にお湯を提供するソーラーパネルの利用，スプリンクラーシステムを通して集められた雨水のポンプアップに風力を利用，雨水は草の水遣りや景観に利用する。
(11) 敷地計画への配慮	3. 景観構成：中庭の雨水を利用し，地元の植生を成長させるビオトープ
(12) その他	1. コミュニティリサイクル：学生は家からプラスチックや缶を持参し，地域でのリサイクル，その結果学生や家族は家や地域でのサステナブルな生活を考えるようになる。 2. 効果的なスペース利用：教室間の広い廊下はコンピュータスペース

2項目で，前者は「エコロジカルな材料の利用」と「地域の材料の利用」，後者は「コミュニティリサイクル」と「効果的なスペース利用」である。それ以外のカテゴリーは各1項目で，「サステナブルデザインの構造」が「リサイクル可能な構造材」，「エコロジカルな面の検査」が「モニタリングあるいはテスト」，「敷地計画への配慮」が「景観構成」である。

〔4〕 **Great Notley Primary School**（英国）

この学校は1999年に建設され，幼児学校から6学年までの学校である。国際競技設計で選ばれ，前掲したように当選した案を固める段階で先生・学生・地域の人たちと建築家の協働で計画された。通路部分を少なくするため，三角形の独特のプランと形態をしている（**図3.51**）。

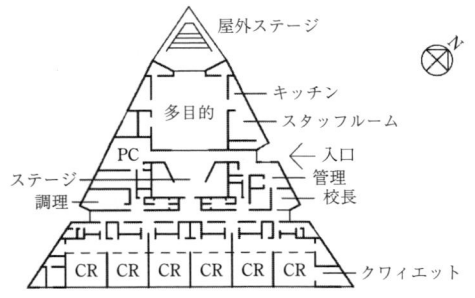

クワイエット：読み聞かせなどに使われる室

図3.51 Great Notley Primary School（Braintree, UK）

表3.8のように7カテゴリーを考慮し，「協働による計画」と「省エネルギー」を特に重視し，最も項目数が多いのは後者で，「方位」，「断熱」，「採光」，「採光調節」，「換気」の5項目で，「断熱」に新聞紙のリサイクル材を使うなどの特徴がある。ついで前者は「参加」と「展示による公開」で，参加については上記した。特に重視した以外のカテゴリーは「エコロジカルな面の検査」と「エコロジカルな材料とディテール」のともに2項目で，前者が「建設管理のチェック」の詳細な管理と記録作成などと「PVCチェック」のPVC無使用など，後者が「エコロジカルな材料の利用」の木の外壁と草の屋根などと「エコロジカルなディテール」の呼吸する壁などである。他のカテゴリーは

表 3.8 Great Notley Primary School のカテゴリーと項目

カテゴリー	項目と内容
(5) 協働による計画	1. 参加：先生，学生，コミュニティの計画への参加（新規の学校なので，他の学校の校長，先生たちの疑似利用者グループが参加） 2. 展示による公開：計画過程全体を通して，公開展示による意見聴取
(6) サステナブルデザインの構造	1. リサイクル可能な材料の利用：リサイクルのための鉄と集成材の梁の利用
(7) エコロジカルな面の検査	1. 建設管理のチェック：カウンシルは建設を追跡し，いかに全建設過程がもっとサステナブルにそして技術的にならないか示すため，経過が報告され，計画が練られた。 4. PVC チェック：PVC（ポリ塩化ビニル）製品は，ほぼ完全に避けられた。
(8) エコロジカルな材料とディテール	1. エコロジカルな材料の利用：ヒマラヤ杉の木製外装材，仕切りマットの付いた草の屋根，鉄と集成材の梁 4. エコロジカルなディテール：建物の外に湿気の通過を許す外部のティンバーフレームの呼吸する壁，セラミックタイルつきの水をベースにした卵の殻からなる壁仕上げ
(9) リサイクル材料の利用	1. リサイクル材料の使用：新聞紙のリサイクルで断熱した外壁，プラスチックのびんからリサイクルされたワークトップ，トラックのタイヤからリサイクルされた入口のマット
(10) 省エネルギー	1. 方位：教室は，太陽光を最大限得て夏の過熱を防ぐため南西に面させる。この位置は，広範囲の温度のモデリングを通して最適とされている。 2. 断熱：新聞紙のリサイクルによる外部壁断熱，仕切りマット付きの草の屋根断熱 3. 採光：外部窓，高窓とトップライトの組合せによる高度な採光 4. 採光調節：すべての外部窓と高窓のルーバーによる採光調節 7. 換気：すべてのスペースの呼吸する壁による自然換気と機械換気
(12) その他	1. 特徴ある形態：通常にはない三角形プランによる床に対する壁比率と内部通路面積の抑制

「サステナブルデザインの構造」の「リサイクル可能な材料の利用」の鉄と集成材の利用，「リサイクル材料の使用」の「リサイクル材料の利用」，「その他」の「特徴ある形態」による通路面積の削減で各 1 項目である。

3.7 安心・安全なまちづくり（防災まちづくり）の取組みと環境負荷低減

3.7.1 研究の背景

大震災時に，建物倒壊や延焼など甚大な被害が予測される老朽木造建物が密集した市街地の改善は，国の枢要な課題として位置づけられており，その対策が急がれている（**図 3.52**）。

図 3.52 大震災時の火災の様子

その対策として，住民と行政，関係者が協働で具体的な市街地整備・まちづくりについて話し合い，計画をつくる「防災まちづくりワークショップ」が注

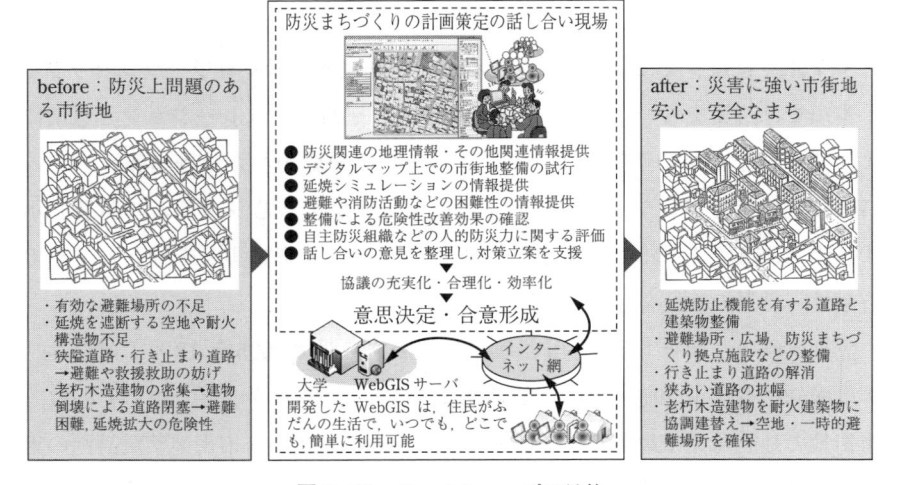

図 3.53 ワークショップの目的

目されている（**図 3.53**）。

3.7.2　防災まちづくりワークショップ

ワークショップでは，ソフト・ハード面からさまざまな課題が検討されるが，特に老朽化した木造建物が密集する市街地では，いかにして延焼を抑制し，地区の防火性能を高めるかが重要な検討項目となる。

そこで，そのようなワークショップにおいて，市街地の防災まちづくりに関する地理情報と，市街地整備による延焼抑止効果の情報を視覚的にわかりやすく確認可能にするシステムがあれば，計画づくりのための協議の効率的進行や具体的内容の議論展開が可能となり，スムースで合理的な合意形成につながることが期待され，充実したワークショップ成果物が得られると考えられる（**図 3.54**）。

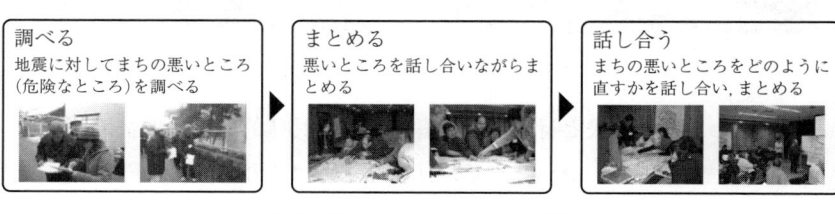

調べる	まとめる	話し合う
地震に対してまちの悪いところ（危険なところ）を調べる	悪いところを話し合いながらまとめる	まちの悪いところをどのように直すかを話し合い，まとめる

図 3.54　ワークショップの手順

3.7.3　延焼シミュレーションを利用した防災まちづくりワークショップ

本項では防災まちづくりワークショップで，延焼シミュレーションと整備による延焼抑止効果の情報をインターネット技術を応用した地理情報システム（WebGIS）基盤でビジュアルにわかりやすく提供できるシステムの開発を示す（**図 3.55**）。その試みでは，開発したシステムの実証実験を通して，その有効性・効果の検証をしている[47),48)]。

実証実験の一例を下記に示す。実証実験開催時期は 2005 年 12 月，対象エリアは愛知県豊橋市の飽海地区（**図 3.56**）である。ワークショップの目的は，市街地の地震防災に対する安全性を高めるための具体的な市街地整備計画の素案づくりである。実験の結果より開発したシステムは，基本的には防災まちづ

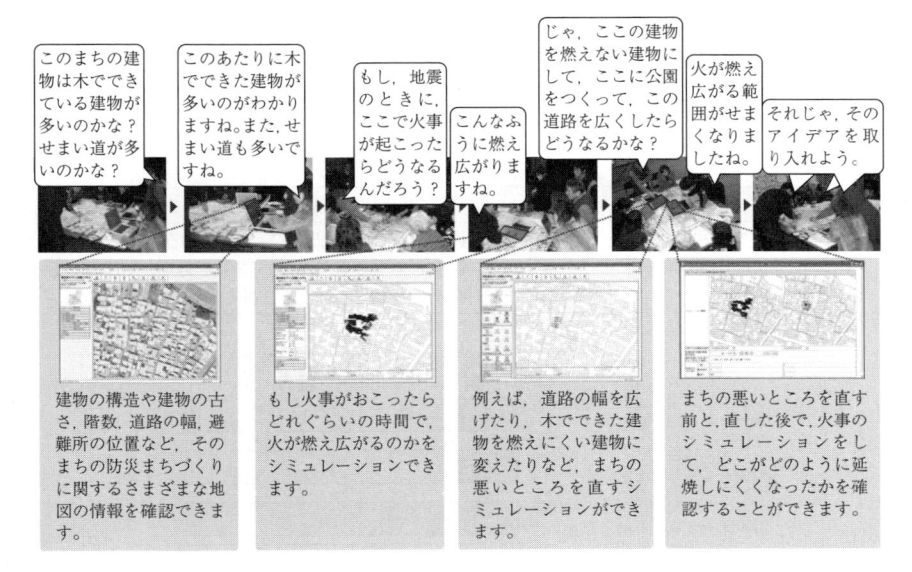

3.7 安心・安全なまちづくり（防災まちづくり）の取組みと環境負荷低減

図3.55 延焼シミュレーションシステム

図3.56 実証実験の対象エリア

くりワークショップでの議論や作業を支援する有効なツールであることを確認できた（**表3.9**，**図3.57**）．

このようなワークショップによる計画に基づき，災害に強い安心・安全な市街地整備が行われれば，災害時にその被害を最小限に抑えることが可能になるため，さまざまな構造物を含む都市の長寿命化を図ること，復興時の建設行為による環境への負荷を抑えることが可能になると考えられる．

3. 住から見た生態恒常性工学

表 3.9 ワークショップの開催概要（一部）

	第 1 回	第 2 回	第 3 回
日　時	12/10（土） 13：30〜17：00	12/14（水） 19：00〜21：00	12/15（木） 19：00〜21：00
場　所	豊橋市上下水道局		
参加住民	41 人	30 人	26 人
題　目	まちの現状を把握，課題を整理	1 日目にまとめた大まかな整備方針をもとに市街地整備計画素案をつくる	1 日目の議論・作業の続きを行い，市街地整備計画素案をまとめる

システムは市街地整備の必要性認識に役立つと思うか？ 非常にそう思う 8 / そう思う 14 / 思わない 1

システムは参加者どうしの合意形成を補助したと思うか？ 4 / 17 / 1

システムは全体的に市街地整備計画素案作成に有効と思うか？ 9 / 13

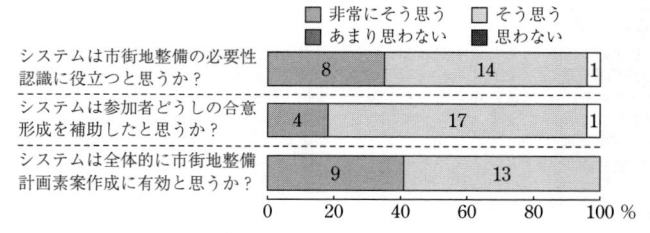

凡例：■非常にそう思う　□そう思う　■あまり思わない　■思わない

図 3.57 システムの評価アンケート結果

4

エネルギーから見た生態恒常性工学

　エネルギーに関する歴史的な経緯を振り返ると，紀元前の古代に，元素は火，土，水および空気の四つであると認識されており，その中の火がエネルギーの起源かもしれない。しかし，この概念は哲学的なものであり，現代科学の源である近代科学におけるエネルギーの概念とは異なるであろう。近代科学の発端は，1592年，ガリレオ・ガリレイ（イタリア）が熱膨張を利用した温度計を組み立てたことに端を発したといわれている。その後，18世紀に至り，熱の正体は重さのないカロリック（熱素）であると提唱され，また，1843年に，ジュール（イギリス）によって，熱と仕事が等価であることを意味する熱の仕事当量の測定が行われた。エネルギーという用語が使用された年代は1850年以降との説があるが，いずれにしても現代科学におけるエネルギーという概念は150年程度の歴史しかないとも考えることができる。

　さて，われわれ人類は，年間一人当り，どれくらいのエネルギーを消費してきたであろうか。**図4.1**[1]は，平成17年度のエネルギー白書に報告されたエネルギー消費速度の変遷である。本図より，1400年ごろ生じた農業革命から19世紀に生じた産業革命前まではさほどエネルギー消費速度は伸びていないことがわかる。しかし，産業革命後のエネルギー消費速度は急激に増大している。その後，1970および80年代に，2度のオイルショックを経験した。これまでは，エネルギーを製造するための主要な資源である化石資源の有限性が境界条件にならなかったのであろう。

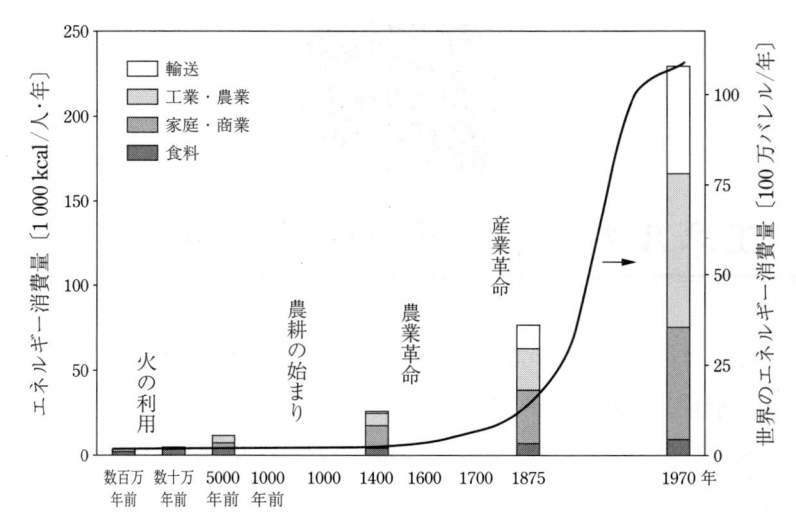

図 4.1 人類のエネルギー消費速度の変遷[1)]

4.1 化石資源の有限性

一般に化石資源と称されているものは，原油，天然ガスおよび石炭である。化石資源および原子力発電の原料であるウランを総称して一次エネルギー資源という。この一次エネルギー資源の賦存量には，地球が有限である以上，限られた量しかないことは自明である。地球に賦存している資源量を究極埋蔵量と呼び，現在の経済性で採掘可能（あるいは利用可能）な資源量のことを可採埋蔵量と呼ぶ。また，可採埋蔵量を年間採掘量で除した値を可採年数という。**表 4.1**[1)] に，原油，天然ガス，石炭およびウランの可採年数を示す。

本表は平成 17 年度のエネルギー白書から引用したデータであるが，平成 16

表 4.1 化石資源の可採年数

一次エネルギー資源	可採年数〔年〕
石　油	40.6
天然ガス	61
石　炭	204
ウラン	61.1

年度のデータと比較すると，原油とウランはほぼ横ばい，天然ガスは増加傾向，石炭は急減という傾向が読み取れる。天然ガスが増加傾向にある理由は，ロシアを代表に新たなガス田が開発されたことによる。その一方で最も長い石炭の可採年数が急減している理由は，中国，インドなどの経済成長に伴うエネルギー消費量の急増に起因した年間消費量の増大である。生態恒常性社会を創成するためには，わが国のような経済発展先進国と経済発展途上国の両者の生態恒常性の担保が必要であり，そのための道具となる生態恒常性工学のエネルギー分野にかかわる基礎事項と考え方などを以下に概説する。

4.2 エネルギーの利用形態

どんな形のエネルギーも，それが人間の活動に有効に使える形にならなければエネルギー源としての利用はできない。2004年のわが国のエネルギー利用形態[1]は，石油48.8％，天然ガス13.9％，石炭21.4％およびウラン10.8％であり，**図4.2**に示すように，石油の主たる用途は石油製品と運輸用の燃料である。天然ガスは発電用と都市ガスであり，石炭は発電用と製鉄用でほぼ同程度消費されている。一方，ウランはすべてが発電用に使用されている。

このように資源によってその用途が異なっており，これはエネルギー分野に

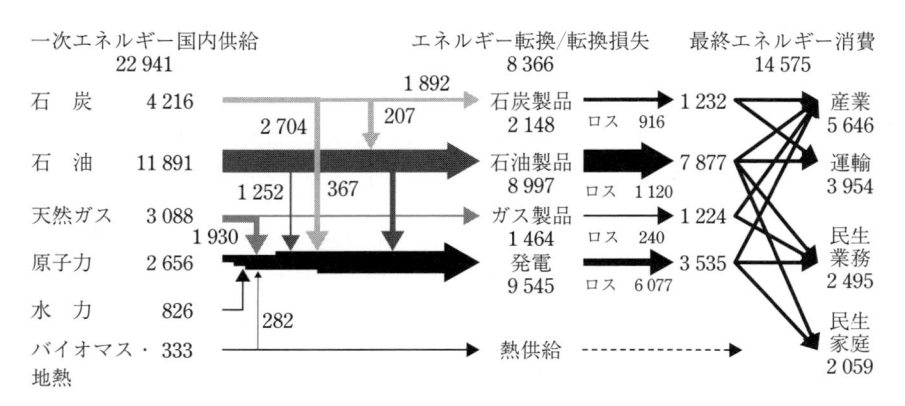

図4.2 わが国のエネルギー利用形態〔単位：10^{15} J〕[3]

おける将来の生態恒常性を担保するヒントでもある。すなわち，ウラン以外は，資源が有している化学エネルギーが電気エネルギー以外の用途に利用されている点である。石油を例に挙げると，原油はその沸点の差異でさまざまな留分に分離され，その沸点に応じ，液体燃料，石油製品の原料，発電用燃料に利用されている。上述した2度のオイルショック時代のわが国における一次エネルギー資源に占める原油の割合は8割以上であり，このことからも現在のエネルギー資源の多様化政策が有効であったことが理解できる。

さて，未来の生態恒常性をエネルギーの分野から考える場合，ほかの一次エネルギー資源も，石油資源のように発電燃料のみならず，多様な用途に利用することを模索する必要がある。例えば，石炭資源は発電用と製鉄用にほぼ同量消費されている。このようにある資源について複数の利用形態をもたせることを，資源のマルチパーパス化あるいはマルチプロダクト化と呼ぶこととする。一方，天然ガスはその8割以上が発電用に使用されており，化学エネルギーや物資資源としての価値を生かすにはさらなるマルチパーパス化あるいはマルチプロダクト化を推進する必要がある。ウランはその全量が発電用のみに消費されており，シングルパーパスあるいはシングルプロダクト型の資源である。しかし，ウランの性質上マルチプロダクト化は困難であるものの，廃熱の地域利用，廃熱による廃棄物処理など，廃熱を軸としたシステム化を図ることにより，少なくともマルチパーパス化は期待できる。

近年注目されているバイオマスや廃棄物のような未利用エネルギー資源についてはどうであろうか。**図4.3**に，再生可能エネルギー導入量と対一次エネルギー供給シェアの各国比率を示す。わが国の再生可能エネルギー資源の一次エネルギー資源消費量に占める割合は2％に満たない。現状では，再生可能エネルギー資源のみでわが国のエネルギー量を賄うことは困難である。しかし，地域環境の保全を通じた恒常性の維持という面から見れば，これまで単に処分されていた廃棄物や余剰のバイオマスを地域の未利用資源として位置づけ適切に有効利用することは，地域社会の生態恒常性を担保する一つの鍵になると考えることができる。

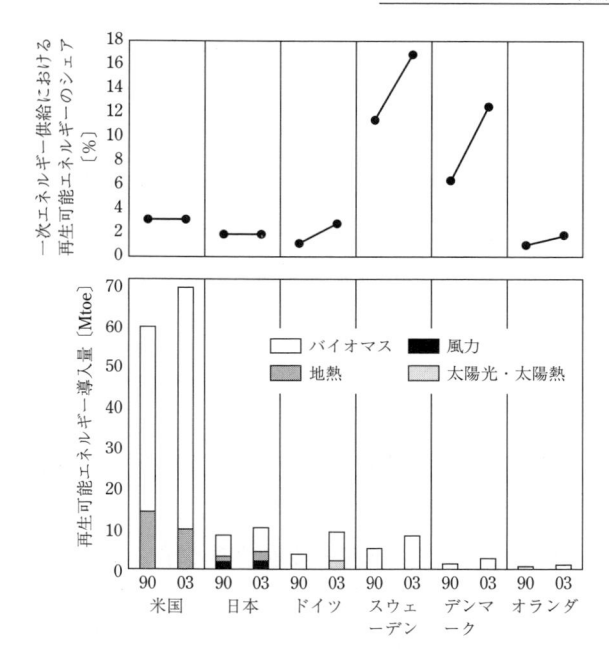

図4.3 対一次エネルギー供給シェア（上）と再生可能エネルギー導入量（下）[3),4)]

4.3 エネルギー利用にかかわる基礎

4.3.1 エネルギー収支

エネルギー保存という概念は，1847年，ヘルムホルツ（ドイツ）が提唱したとされており，いわゆる熱力学の第一法則を意味している。エネルギー変換を考える場合にはエネルギー収支という用語が使われるが，本質的にはエネルギー保存と同意と考えてよい。さて，プロセスあるいはシステムのエネルギー収支を考える場合，まず，そのプロセスあるいはシステムが定常であるか非定常であるかを見極める必要がある。定常状態の場合のエネルギー収支式は

$$（入量）-（出量）=0 \tag{4.1}$$

非定常状態の場合は

$$（入量）-（出量）=（蓄積量） \tag{4.2}$$

となる。残念ながら，エネルギーは水のような目に見える媒体ではない。したがって，多くのプロセスやシステムでは，さまざまな部所の温度を計測するな

どにより，熱流量としてエネルギー収支を計算することとなる．入量は，プロセスあるいはシステム条件が既知であれば，比較的計算は容易であるが，出量は熱損失量の特定に困難を伴う場合が多い．一方，非定常状態については蓄積量が時間の関数になる．ただし，時間の関数に関する考え方，例えば，単位秒，単位時間あるいは単位年当りというような，時間スケールの選択の仕方と関数の変動幅との関係によって，対象とする現象を定常あるいは非定常状態のどちらで取り扱う必要があるかが決まる．

4.3.2 エネルギー変換効率

エネルギーの利用効率は，目的のプロセスあるいはシステムをいかに省エネルギー的に実行あるいは評価する上で必要不可欠な指標である．プロセスやシステムにおけるエネルギーの利用効率をエネルギー変換効率と呼ぶこともある．エネルギー変換効率の定義は

$$(エネルギー変換効率) = \frac{(有効エネルギー)}{(供給エネルギー)} \quad (4.3)$$

ここで，供給エネルギーとは，プロセスあるいはシステムへ供給した全エネルギー量であり，有効エネルギーとは，そのプロセスあるいはシステムの目的のために使用できたエネルギーの総量である．図4.2に示したわが国のエネルギー利用形態のデータを例にしてエネルギー変換効率を計算すると，約63.5％になっている．このように，エネルギーの変換過程にはエネルギー損失を伴ってしまう．ただし，変換の前後であってもエネルギーは保存されている．

さて，エネルギーを変換する場合にどれくらいの損失が生じるだろうか．例えば，石油精製・輸送の際の損失エネルギーの割合は約10％，発電・送電時のそれは約65％である．また，二次エネルギーであるガソリンや電気エネルギーの利用時に失われるエネルギーは，例えば，ガソリンエンジンの自動車なら85〜90％，バッテリーとモータで動く電気自動車の場合20〜40％である．すなわち，一次エネルギーから二次エネルギーへの変換時と二次エネルギーから最終用途のためのエネルギー変換時の両プロセスでエネルギー損失は

生じており，総括的なエネルギーの利用効率を考えるためには，各プロセスの変換効率のみならず，一次エネルギーから出発したシステムのエネルギー変換効率を考える必要がある。この一次エネルギーを基準とした最終エネルギーの割合を総合エネルギー変換効率と呼ぶ。

総合エネルギー変換効率を，自動車を例にして考えてみよう。ここでは，ガソリンエンジン，石炭を一次エネルギー源として発電した電気で駆動する電気自動車および天然ガス燃料電池自動車を例として考えてみる。各数値は各プロセスにおける現在の標準的な値である。

1) ガソリンエンジン自動車

原油→（輸送・精製）→ガソリン→（輸送）→ガソリンエンジン→走行
　　　　　　90 %　　　　　　　×　　10～15 %　＝ 9～14 %

2) 電気自動車

石炭→（輸送）→商用電力→（送電）→バッテリー充電→モータ→走行
　　　　37 %　　×　80 %　×　　60～80 %　　　＝18～14%

3) 燃料電池自動車

天然ガス→（輸送・貯蔵）→水素→（輸送・貯蔵）→燃料電池発電→モータ→走行
　　　　　　　60 %　　　　　　　×　30～40 %　×60～80 %＝10～19 %

〈コーヒーブレイク〉

1) の場合では，エンジン単体のエネルギー変換効率を直接向上させるのではなく，「ハイブリッド方式」が実用化されており，これによって運行時のエネルギー効率が5割以上改善している。「ハイブリッド方式」では，従来なら無駄に捨てていたエネルギーであるブレーキによる摩擦エネルギーを，回生ブレーキにより回収し，電気エネルギーとしてバッテリーに蓄え，そのエネルギーを利用できる動力モータを搭載してエンジンと併用している。その結果，エンジンが小型化でき，また，アイドリングもほぼ不要になったため，エネルギー消費を大幅に低減することに成功した。この技術によれば，ガソリン自動車は，2) の電気自動車に迫る総合エネルギー効率となる。

このような計算をすると，どのプロセスのエネルギー変換効率が全体に対して支配的かがわかる。すなわち，最も変換効率が悪いプロセスをブレイクスルーしなければならないことを意味している。あるいは，それを代替できる新たな技術も明確になる。例えば，1）の場合はエンジンの運行効率そのものを改善すべきであり，2）では一次エネルギーの電力への変換過程の高効率化が課題であるといえる。また，3）では効率の高い水素の生成・貯蔵法に加え，燃料電池の発電効率を向上させることが重要であることがわかる。いずれにしても自動車を例にして考える場合，わが国のみならず地球全体を考えれば，その台数は膨大であり，1あるいは0.1％のエネルギー変換効率向上であっても，省エネルギーひいてはエネルギー分野における生態恒常性を担保することに貢献できる。

4.3.3 エネルギーの量と質

一般的にエネルギーを量として理解することはたやすい。J，W，kcal，kcal/hなどの単位がエネルギーの量を示している。しかし，エネルギーは質的な性質も有している。熱力学的に考えると，エネルギーの量的な性質を表している指標は，エンタルピーあるいは内部エネルギーと呼ばれるものである。一方，エネルギーの質的な性質はエンタルピー変化量とエントロピー変化量の関数で示すことができる。詳細については，熱力学の教科書を参照されたい。このようなエネルギーの量と質を理解する基本法則は，ギブスの自由エネルギーの変化量ΔGを示す次式である。

$$\Delta G \equiv \Delta H - T\Delta S \tag{4.4}$$

ここで，ΔHはエンタルピー変化量，Tは絶対温度およびΔSはエントロピー変化量である。ΔGは現象論的に使えるエネルギーあるいは仕事になるエネルギーの量と考えてよい。また，ΔHはプロセスから生成あるいはプロセスに供給したエネルギー量である。ΔSはゼロ以上であるので，式(4.4)の定性的な意味を図示すると，**図4.4**のように描くことができる。

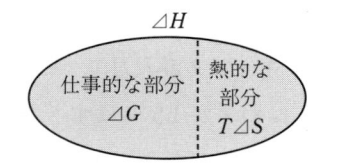

図 4.4 エンタルピー変化量の中身

（図：楕円の左半分「仕事的な部分 ΔG」、右半分「熱的な部分 $T\Delta S$」、全体が ΔH）

ΔH の中身は仕事になるエネルギーとそれ以外とに大別できる。ΔG は現象論的に使えるエネルギーあるいは仕事になるエネルギーの量である。では，$T\Delta S$ は何に相当するかというと，これは廃熱のような使える熱エネルギーではなく，熱力学上，必然的に損失するエネルギーである。さて，熱力学の第二法則では，エントロピーの変化量はゼロ以上となり，観念的に理解しづらい。そこで，絶対温度 T を環境温度 $T_0 (=298.15\text{ K})$ に置換すると次式となる。

$$\Delta\varepsilon \equiv \Delta H - T_0 \Delta S \tag{4.5}$$

$\Delta\varepsilon$ のことをエクセルギーの変化量と呼ぶ。このように考えると，熱力学の第二法則であるエントロピー増大則はエクセルギー減少則に言い換えることができ，あるシステムで変化が生じた場合，その前後でエクセルギーが減少することを意味し，熱力学の第二法則が観念的に理解しやすくなる。

4.3.4 発熱・吸熱反応の熱力学的解釈

発熱反応の例として，都市ガスを燃焼して湯を沸かすシステムである湯沸かし器を考えてみよう。**図 4.5** は，湯沸かし器のエクセルギー収支である。湯

投入エクセルギー 100

廃ガスのエクセルギー 39.6

エクセルギー損失 58.9

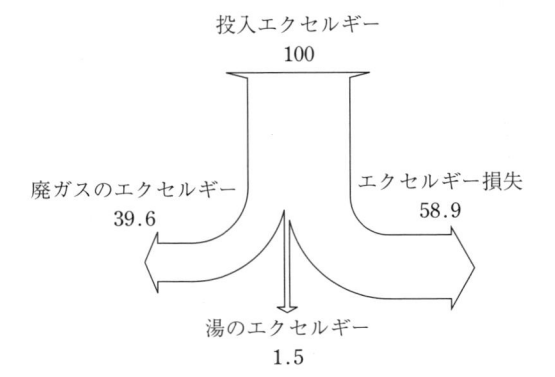

湯のエクセルギー 1.5

図 4.5 湯沸かし器のエクセルギー収支

沸かし器とは，都市ガスを燃焼させて水を湯にするというシステムであり，本図より，都市ガスが有しているエクセルギーである入力エクセルギーのうち，生成した湯が有しているエクセルギーはわずか1.5％にすぎないことがわかる。なお，図中の損失エクセルギーが熱力学的に使用できないエネルギーであり，式（4.4）中の$T_0 \Delta S$に相当する。また，廃ガスのエクセルギーとは，別途熱交換器を設置すれば利用可能なエネルギーであることを示している。このように燃焼のような発熱反応が伴うシステムの場合，燃料が有している化学エネルギーのすべてが使えるエネルギーにはならないことを理解しなければならない。

この現象をわかりやすく図示したものが**図4.6**である。いま，燃料である都市ガスは反応というプロセスへ供給されているものと考える。そこで生成する熱エネルギーは熱溜へ移動すると考えることにする。なお，熱溜とは熱エネルギーのみを取り込むプロセスである。式（4.4）より，反応プロセスは2種類のエネルギーを放出しているものと考えることができる。一つは水をある温度の湯にするエネルギーであり，これは使えるエネルギーΔGである。ただし，ΔGは仕事という質の高いエネルギーとして使えるエネルギーであるが，このシステムの場合，質の低い熱エネルギーになって熱溜に取り込まれていることがわかる。もう一つは$T \Delta S$に相当する使えない熱的エネルギーの放出である。これがいわゆるエクセルギー損失を意味する。

吸熱反応について図示すると，**図4.7**のようになる。吸熱反応は熱エネル

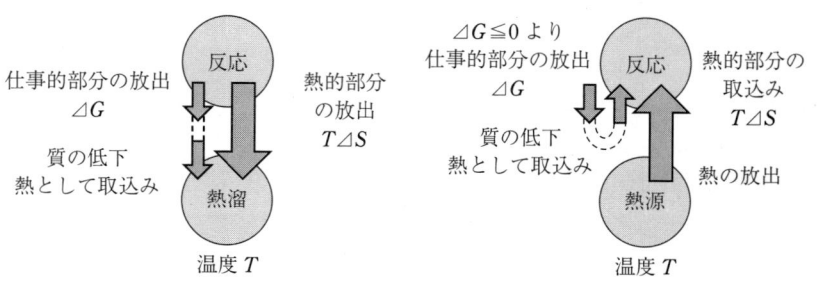

図4.6 発熱反応の熱力学的な考え方　　**図4.7** 吸熱反応の熱力学的な考え方

ギーのみを放出できる熱源から反応プロセスへ熱エネルギーが放出されているものと考えればよい。吸熱反応であっても式（4.4）が成立する。また，熱源は熱エネルギーしか放出できないので，熱源から反応プロセスへ移動するエネルギーは熱エネルギーのみであり，その量は $T\Delta S$ に相当する。注目すべき点は，この $T\Delta S$ に相当する熱エネルギーがすべて反応プロセスに取り込まれていることである。燃焼プロセスの場合，$T\Delta S$ は使えないエネルギーであることを示した。しかし，吸熱反応の場合には，$T\Delta S$ が熱エネルギーとして使えるエネルギーとして反応プロセスに取り込まれていることにある。このようなことが生じる理由は，式（4.4）中に ΔG の項が存在するからである。上述したように，ΔG は仕事エネルギーとして使えるエネルギーである。しかし，この吸熱反応システムでは仕事エネルギーは見かけ上関与していない。よって，以下のように考えてみる。

吸熱反応プロセスはエネルギー収支的には熱源から熱エネルギーのみを取り込むが，そのために反応プロセスから ΔG に相当する仕事エネルギーを放出しているものと考える。しかし，その放出した仕事エネルギーは反応プロセスに再度取り込まれなければエネルギー収支は成立しない。そこで，この仕事エネルギーは質が劣化して熱エネルギーになり，反応プロセスに再度取り込まれる

〈コーヒーブレイク〉

ヒートポンプシステムを利用した冷暖房器具は，例えば室温を 20℃ 上昇させるために電熱型のストーブを使った場合，電力に対するエクセルギー効率は 0.07 程度で非効率的である。この程度の低レベルの熱源が必要な場合には，同じ電力をヒートポンプに投入すると，環境から熱を得ることができるのでエクセルギー効率は 2～3 倍改善される。また，コジェネレーションシステムなど廃熱をうまく利用するようなシステムを用いることで，より効率のよいエネルギー利用が可能となる。なお，電気エネルギーは温度無限大の熱エネルギーに相当し，すべての電気エネルギーは効率 100% で使えるエネルギーに変換できる。ただし，この電気エネルギーを生成するための手段を考慮しなければならない。

ものと考える。すなわち，この際，ΔG 分の仕事エネルギーが，質が劣化して熱エネルギーへ変化したこと意味する。これが，熱エネルギーが熱源から反応プロセスへ取り込まれるための推進力（ドライビングフォース）になっているものと理解できる。吸熱反応システムの場合，温度 T の熱源から熱効率 100 % で吸熱反応プロセスへ熱エネルギーが取り込まれていることは興味深い。

4.4 さまざまなエネルギー変換技術

4.4.1 熱　機　関

　化学エネルギーから力学エネルギーへの代表的な変換技術は熱機関である。熱機関はその方式によって**表 4.2** のように主として 4 種に分類できる。内燃機関とは，作動流体を燃焼室内に導入し，燃焼によって得られたエネルギーを作動流体に熱として直接伝達するものであり，外燃機関とは，燃焼室で発生した熱を，熱交換器を通じて作動流体に伝達するものである。内燃機関は有効比が高い反面，燃料の性質に制約される。一方，外燃機関はその逆で，燃料の自由度は高いが有効比は一般に低くなるという特徴がある。したがって，それぞれの特徴を生かして適切な配置をしなくてはならない。機関として外部仕事を取り出すには回転力が最も利便性が高いので，ピストン往復運動をクランクシャフトにより回転力に変換するか，タービンのような風車を回転させることで最終出力を得るのが通例である。ロータリーエンジンのように，内燃機関でローターを回転させ軸出力を得るタイプのものもある。

　最も単純な熱エネルギーへの変換装置にボイラがある。ボイラでは，燃料を

表 4.2　熱機関の形式による分類

	外燃機関	内燃機関
速度型	蒸気タービン（発電機関）	ガスタービン（ジェットエンジン） ロケットエンジン
容積型	蒸気機関（蒸気機関車） スターリングエンジン	火花点火機関（ガソリンエンジン） ディーゼル機関

燃焼させて発生する熱を伝熱によって作動流体（その多くは水や水蒸気である）の温度・圧力を上昇させ，エネルギー媒体とする．作動流体がもつ熱エネルギーは，そのまま暖房や給湯用熱源として使われるほか，蒸気タービンの駆動力として用いられ，そこで力学エネルギーに変換される．火力発電所のほとんどは主としてこの方式を採用しており，また燃焼器の代わりに原子力エネルギーを熱源とすればそのまま原子力発電所になるので，両方を合わせた蒸気タービン方式による発電量は日本の総発電設備の8割強を占めている（2004年現在）．ボイラと蒸気タービンによる方式では，装置を構成する材料の耐熱強度により最高温度が制限され，おおむね600℃以下が現状である．そのため，熱効率はほとんどの装置が80％以上の高い効率を示すが，エクセルギー効率は低く，40％程度である．これは，質の高い化学エネルギーを温度が低い蒸気エネルギーに変換していることになり，エクセルギー損失はけっして小さくない．

そこで最近では，内燃機関であるガスタービンと組み合わせた複合サイクル発電プラントが用いられるようになっている．これは，燃料がもつ質の高いエネルギーをまずガスタービンを利用して力学エネルギーに変換し，その廃熱を回収して熱交換器を通じ蒸気を生成し，蒸気タービンを利用しさらに力学エネルギーに変換するというものである．このようにすることで，送電端で見た場合の発電効率（供給した化学エネルギー量に対する送電エネルギー発生量の割合）は50％を超える値を達成している．

このガスタービンはBrayton-Jouleサイクルといわれる基本サイクルで動作する．その過程はつぎのようになる．

   0→1 圧縮機への大気吸入
   1→2 断熱圧縮
   2→3 定圧下で圧縮空気の燃焼室送出
   3→4 定圧燃焼
   4→5 断熱膨張
   5→0 定圧排熱

このときの理論有効比（図示熱効率）η_{thBJ} は

$$\eta_{\mathrm{thBJ}} = 1 - \frac{T_5 - T_1}{T_4 - T_2} = 1 - \varepsilon^{1-\gamma}$$

となる。ただし，$T_1 \sim T_5$ はそれぞれの状態での温度，ε は $1 \to 2$ 間の圧縮比 (V_1/V_2)，γ は作用気体の比熱比である。このガスタービンの利用では，発電用のほかに工業用，航空機用エンジンなどがある。このうち航空機用ターボジェットエンジンでは，ガスタービンによる回転出力は圧縮機（ターボ）に使われ，作動流体（高温圧縮空気）がノズルから放出される運動エネルギーが推力として使われる。作動流体の運動エネルギーの多くをプロペラの回転力に用いて推力を得る方式はターボプロップエンジンと呼び，また一部をファンの回転力に用いて推力の補助とする方式をターボファンエンジンと呼ぶ。いずれも最大出力（巡航速度）に応じて選ばれるが，旅客用の大型ジェット機にはほぼターボファンエンジンが用いられ，小型機にはターボプロップエンジンが用いられている。これらのエンジン単体でのエネルギー効率（燃料の化学エネルギーに対する推力の割合）は 30 % 程度といわれているが，航空機の場合は燃料消費量が非常に大きく，飛んでいる間の重量変化がかなり大きいために，総合エネルギー効率は非常に小さいのが現状である。

　燃焼エネルギーをピストンによる往復運動に変換するタイプの変換装置は，現在では内燃機関によるものがほとんどである。かつては蒸気機関車など外燃機関が主力であった時期もあるが，時代の流れとともに廃れていったことは周知のとおりである。これは，その構造の複雑さや装置容積当りの最大出力の低さなどが原因であろう。一方，スターリング（Stirling）エンジンについては理論有効比がカルノー（Carnot）効率に等しくなるため，低質な燃料を有効活用する方法として改めて脚光を浴びているが，蒸気機関と同様，装置容積当りの出力の低さが問題であり，いまだ（現代的な意味での）実用化段階には至っていない。原理的にはつぎに述べるガソリンエンジンやディーゼル（Diesel）エンジンより以前に発明されており，理論と実装技術開発の乖離が大きい装置の代表といえる。

内燃ピストン機関は，自動車や船舶など輸送の動力として非常に多様な技術発展を遂げ，技術者が新技術開発にしのぎを削っている分野である。このうちガソリンエンジンは，燃料と酸化剤（空気）をあらかじめ混合して燃焼室に導き，圧縮後に火花点火により燃焼を制御するタイプの定容サイクルであり，その理論サイクルはオットー（Otto）サイクルとして知られている。カルノーサイクルと異なるのは，カルノーサイクルの等温過程が等容過程になっているという点であり，そのサイクルは

- $0 \rightarrow 1$　断熱圧縮
- $1 \rightarrow 2$　定容吸熱
- $2 \rightarrow 3$　断熱膨張
- $3 \rightarrow 0$　定容排熱

となっている。これによりオットーサイクルの図示熱効率 η_{thO} は

$$\eta_{thO} = 1 - \frac{T_3 - T_0}{T_2 - T_1} = 1 - \varepsilon^{1-\gamma}$$

となる。ただし $T_0 \sim T_3$ は，それぞれの状態での温度，ε は $0 \rightarrow 1$ の圧縮比 (V_0/V_1) である。またガソリンエンジンと並んで非常によく用いられるディーゼルエンジンは，圧縮によって高温条件になった酸化剤（空気）中に燃料を噴霧することにより自着火させることで燃焼を制御するタイプの定圧燃焼サイクルであり，

- $0 \rightarrow 1$　断熱圧縮
- $1 \rightarrow 2$　定圧吸熱（燃焼・膨張）
- $2 \rightarrow 3$　断熱膨張
- $3 \rightarrow 0$　定容排熱

のサイクルをもつ。ディーゼルサイクルの図示熱効率 η_{thD} は

$$\eta_{thD} = 1 - \frac{T_3 - T_0}{\gamma(T_2 - T_1)} = 1 - \varepsilon^{1-\gamma} \frac{\rho^\gamma - 1}{\gamma(\rho - 1)}$$

である。ただし，ε は $0 \rightarrow 1$ の圧縮比 (V_0/V_1)，ρ は $1 \rightarrow 2$ の等圧膨張比（または締切比，V_2/V_1）である。

オットーサイクルとディーゼルサイクルの図示熱効率を比較すると，圧縮比・圧縮圧力が等しい場合は，$\eta_{thO} > \eta_{thD}$ となる。しかし一般にオットーサイクルでは自着火抑制のため圧縮比に制限があり，ディーゼルサイクルのほうがはるかに高い圧縮比で運転することができるため，結果としてディーゼルサイクルのほうが高い図示熱効率を得ることができる。また，最高圧力と出力，または最高圧力と最高温度を等しく得る場合で比較すると，いずれも $\eta_{thO} < \eta_{thD}$ となる。

以上のことから実際のエンジンでも，ディーゼルエンジンのほうが火花点火（オットー型）エンジンより正味熱効率が高く，また燃料の性状に対する制限も緩いので，エネルギー変換装置としてのエネルギー効率や実装性能ではディーゼルエンジンに軍配が上がることとなる。したがって，大型自動車や船舶・工業動力など，大出力を必要とする運搬装置では，経済性（燃費）の観点から主としてディーゼルエンジンが用いられる。また近年では，EU地域の小型乗用車の5割がディーゼルエンジン車となる勢いである。しかし，高回転出力を得るという点ではガソリンエンジンのほうが有利であり，快適性や高性能を重視する小型自動車や小規模な動力向けに用いられている。

ディーゼルエンジンは上記のように図示熱効率が高い反面，効率を稼ごうとして最高温度を高くとると窒素酸化物（NO_x）の排出量が増えたり，高負荷で運転すると多量の粒子状物質を排出したりして，環境負荷が高いという欠点がある。そこで最近では，出力や効率を少し犠牲にしてでも環境負荷を低減するための技術開発が進められている。これは，その装置単体でのエネルギー使用量という面からはそういった負荷低減技術はロスになるが，健康や環境被害の低減という形での新たなエネルギーロスを減らし，全体としてより持続的なエネルギー利用をするという考え方であるともいえる。

また，新たな燃焼方式として，通常，予混合燃焼される火花点火エンジンで燃焼室への燃料直接噴霧により着火や混合比を制御することで希薄燃焼を実現させ低燃費をねらった方法や，逆に予混合気を燃焼室へ導入して圧縮自着火させることで未燃ガスを削減し環境負荷を減らすことをねらった方法などの研究

が進められている。前者については商品化も行われてすでに一部の市販車に搭載されているが、後者についてはいまのところ実用化には至っていない。

4.4.2 新たなエネルギー変換技術
〔1〕 燃 料 電 池

4.4.1項では主として化学エネルギーを熱エネルギーに変換し、そこから外部仕事を取り出し動力源として用いる方法（熱機関）を見てきた。この方法は一次エネルギーからわずかなロスで得られる二次エネルギーとしての石油系燃料を直接利用可能という点で優れ、特に石油系燃料では単位重量当りのエネルギー密度が高く、運搬や運輸利用自体を目的とする場合にはたいへん利便性が高い。その反面、単体のエネルギー変換装置として見た場合、理想的なサイクル機関であるカルノーサイクルの図示熱効率よりかなり低い正味熱効率しか得られないので、燃料が本来もっているエクセルギーを有効活用できていないという問題がある。そのため従来から、廃熱のカスケード利用といった形での「余剰エネルギーの回収利用」ということが考えられてきており、プラントなどシステムの大きさに厳しい制約がないところではすでに導入が進んでいる。しかし、自動車や家庭での小口利用では、システム導入時の経済性や回収したエネルギーの品質の問題で、その導入はなかなか難しいのが現実である。

入力されたエネルギーをほぼそのまま仕事のエネルギーとして用いることができる最も利便性の高い二次エネルギーは電力である。電力は供給エネルギーが100％エクセルギーであるから、一次エネルギーがもつ化学エネルギーを高いエクセルギー効率で電力エネルギーに変換することができれば、一次エネルギーの消費を低減することができる。化学エネルギーを直接、電力エネルギーに変換することができる装置は、燃料電池として知られている。

燃料電池は電極反応により燃料と空気中の酸素との反応の過程から電力を得るものであるが、その原理は古くから知られており、ガソリンエンジンの発明（1876年）より前の1839年に発明されている。その意味では「新しい変換技術」という名にはふさわしくないが、文明を支えるエネルギー変換技術として

注目を浴びるようになったのは比較的新しく，1980年代の終わりごろに大規模な発電システムを構築するめどがついてからである。燃料電池は，燃料の化学エネルギーを電力エネルギーに直接変換する。反応によるGibbsの自由エネルギー変化量ΔGと電池反応によって得られる電力とは等価であり

$$\Delta G = Q_e E$$

となるから，エネルギー変換効率は原理的には非常に高い。ここで，Q_eは発生する電荷，Eは電極間電圧である。実際には，電池自身のロスに由来する変換効率η_{eff}を含めなければならないので，発生電圧は

$$E = \eta_{eff} \frac{\Delta G}{Q_e}$$

と書かれる。するとエネルギー有効比η_eは

$$\eta_e = \eta_{eff} \frac{\Delta G}{\Delta H}$$

となることがわかる。ただし，ΔHは電極反応のエンタルピー変化である。

4.4.1項でも述べたように，化学エネルギーの熱エネルギー以外のエネルギーへの変換では無効エネルギーの割合は小さく，燃料電池の場合も，燃料として最もよく用いられる水素の場合だと

$$\Delta G = -237 \text{ kJ/mol}, \quad \Delta H = -286 \text{ kJ/mol}$$

である（大気標準条件下）から，$\eta_{eff}=1$とした場合のη_eは0.83にもなる。したがって，高い有効比をもつエネルギー変換装置として，一見非常に有望な方法と考えられる。ただし現実には，η_{eff}は現在の技術で0.5程度が限界であり，正味熱効率としては$\eta_e=0.4$程度である。

しかし現在は，燃料電池の「燃料」として用いることができるものは水素が主であり，ほかには低変換効率ながら，メタンやメタノールなどごく一部の炭化水素系物質からの直接変換が可能な装置が知られているのみである。水素は一次エネルギーとしては存在しておらず，なんらかの方法により二次エネルギーとして生産しなければならない。二次エネルギーとして水素を得るために化石燃料を使うとすれば，従来の熱機関による方法と燃料電池による方法とで

4.4 さまざまなエネルギー変換技術

は，それぞれ

　　　一次エネルギー→熱機関　→電力エネルギー送電　　　　　　→消費者
　　　一次エネルギー→水素生産→水素エネルギー輸送→燃料電池→消費者

という流れになっていることになり，エネルギーを輸送する媒体（二次エネルギー）が電力そのものか水素かという違いだけになる．つまり，送電や燃料電池でのエクセルギー損失が限りなくゼロに近いと仮定すれば，熱機関と水素生産のエクセルギー損失の良否がエネルギー損失の鍵を握ることになる．そして現在のところ，一次エネルギー（天然ガス）から水素を生産する場合のエクセルギー効率は60％程度であり，最新鋭の熱機関における（廃熱回収なども含めた総合的な）エクセルギー効率（55％程度）とそう大きくは変わらない．しかも，現在，実用されている燃料電池では変換効率 η_{eff} がまだ小さいために，エクセルギー損失はかなり大きい（有効比 η_e で30％に満たない程度）ので，燃料電池（水素エネルギー）を導入すればただちにエネルギー問題が解決可能と考えるのは時期尚早である．

　燃料電池には熱機関にないメリットがある．それは，反応温度が低くまた電気化学的反応であるため，NO_x や粒子状物質などを排出せず地域環境にとって優れた変換装置であるということである．

　燃料電池は，化学エネルギーを電力エネルギーに直接変換できる優れた変換

〈コーヒーブレイク〉

　燃料電池での反応は水素と酸素の反応であるため排出物は本質的に水のみである，ということから，熱機関と異なり温室効果ガスである CO_2 を排出しないクリーンなエネルギー源である，といわれることもある．しかし，水素の生産を化石燃料などの一次エネルギーから行う限り，CO_2 排出を免れることはできないので，その意味でこの表現は誤解を招きやすい表現である．しかし，〔2〕，〔3〕項で述べるような再生可能エネルギーによって水素を容易に得ることができるようになれば，一次エネルギーとしての化石燃料の消費削減につながるという点で，温室効果ガス排出の抑制に貢献することは可能である．

装置であるが，現在の技術は，既存のエネルギー供給システムを凌駕し駆逐するレベルにはほど遠い。それでも，そのメリットを生かした複合的なエネルギー供給システムや，環境への汚染物質排出を極力抑えなければならないような地域における，熱機関の代替としての活用はありうる。そして将来，水素生産の必要量が再生可能エネルギーで賄えるようになれば，そのメリットは計り知れないものとなる。現在は，そのような水素生産のめどはまったく立っておらず，燃料電池の性能向上についても（主として材料工学や資源・経済性の面から）悲観的な見方もあるが，脱化石燃料という視点からは最重要技術の一つと目され，技術開発が精力的に進められている分野である。

〔2〕 太陽エネルギーの変換・利用技術

〔1〕項では，一次エネルギー源として化石燃料を中心に考え，将来，有力と考えられるエネルギー変換技術について見てきた。ここでは，脱化石燃料による持続的な社会を目指すために，新エネルギー源の利活用技術について見てみることにする。特に本項では，最も現実的で有効な方法である太陽放射エネルギーの変換・利用技術について述べる。

太陽放射エネルギーは，いうまでもなく文明の歴史とその消費エネルギーに比べると無尽蔵である。しかも，人間の社会活動のいかんによらずつねに降り注いでいるエネルギーであり，それを地球上でいかに利用しようとも地表全体でのエネルギー収支には影響を与えない。そこで，地球上の現在の環境に極端な変化を与えない範囲で，太陽放射エネルギーの一部を利用し，文明の維持に活用することが望まれる。

太陽放射エネルギーは，平均して約 $1.3\,\mathrm{kW/m^2}$ の強さをもつ光という形で地球に降り注いでいる（この量を太陽定数と呼ぶ）。そのうち約3割は反射され，残りは大気や地表で吸収され熱に変わる。地表に届く光としての太陽放射エネルギーは，$1\,\mathrm{kW/m^2}$ 程度である。吸収された熱は，気温や風，雨などの気象変化をもたらす。そこで太陽放射エネルギーの利用形態は，光を直接的に利用する方法と，気象変化によってもたらされる力学的エネルギー（風，水循環，海洋）を利用する方法の二つが考えられる。

太陽光を直接利用する方法としては，太陽電池（光電変換），光触媒（光化学変換），太陽光温水装置（光熱変換）などの技術的な方法と，植物の光合成作用を利用する方法（バイオマス）がある．バイオマスの利活用技術については，つぎの〔3〕項で改めて述べる．なお農業で用いられるビニルハウスは，太陽光の光熱変換という意味では最も初歩的な技術である．気象変化の力学的エネルギーを利用する方法としては，風力発電，水力発電といったすでに実用化されている方法のほか，海洋発電（潮流や波を利用した発電）などが考案され，実証的研究が行われたこともあるが，現在ではその発展にあまり期待をもたれてはいない．

つぎに，新エネルギー源として期待される代表的な技術について述べる．太陽電池は，シリコン素子に光が当たると価電子が励起され，伝導電子となって起電力が生じることを利用した光電変換素子である．単結晶シリコン素子を利用したものでは，太陽光スペクトルに対して最も効率がよい $1.1\,\mathrm{eV}$ の禁制帯幅をもったもので，収集損失（量子論的損失）から得られる理論変換効率は 0.44 となる．それ以外にも損失要因があるため，実際の限界変換効率は 0.26 まで低下する．実用化されている太陽電池パネルの正味変換効率はさらに低く，0.14 程度である．したがって，地表に届く太陽放射エネルギーから得られる電力は $140\,\mathrm{W/m^2}$ 程度ということになる．近年，単結晶ではなく，多結晶シリコンやアモルファスシリコンを用いた太陽電池パネルの研究が進んでいるが，変換効率の面で単結晶素子に及ぶ実用的な製品はまだ出現していない．

現在の家庭の 1 日の使用電力量は $10\,\mathrm{kW\cdot h}$ 程度であるから，1 日の日照時間が平均 5 時間（日本の本州南部太平洋側での典型的な値）得られたとすると，1 家庭当り $15\,\mathrm{m^2}$ 程度の設置面積を用意できれば使用電力量を賄うことができる．しかし，商用電力の末端単価は $20\,\mathrm{円/kW\cdot h}$ 程度であるから，太陽電池発電システムの現在の発電単価 $50\,\mathrm{円/kW\cdot h}$ 程度では，家庭での置換えは依然として厳しい．普及にはさらなる低価格化と高効率化が望まれる．

光触媒とは，光エネルギーを化学変化のエネルギーに使えるよう「変換」するような特殊な材料に与えられる名称である．本多-藤嶋効果として知られる，

酸化チタンの光触媒作用で水が分解され水素と酸素が生成される過程は有名である。「水から燃料がつくれる」と発見当時はもてはやされたが、その効率のあまりの低さから実用性は早々に疑問視されるようになり、近年ではむしろ、殺菌作用や汚染物質の分解作用などに活用されるようになった。しかし、脱化石燃料社会を目指すエネルギー政策面から期待されるのは、やはり光触媒作用による二次エネルギーの生成である。本多-藤嶋効果は酸化チタンのエネルギーバンドギャップ（約 3 eV）に対応する紫外域（波長 400 nm 以下）の光源が必要とされるが、地表に降り注ぐ太陽放射エネルギーのスペクトル分布は可視〜赤外光（400 nm 〜 10 μm 程度）が主であり、そのままでは不適合である。そこで、酸化チタンとさまざまな添加物との組合せで可視光に感受性のある光触媒を合成する研究が盛んに行われている。研究レベルではいくつかの候補が見つかっているものの、その変換効率や製造コストは商業ベースに乗るレベルには達しておらず、期待とともにその推移を見守っているというのが現状である。

　太陽光温水装置は、太陽光を透過する容器へ貯留した水に当てて温水にするという、非常に簡単な作動原理の装置である。しかし、得られるメリット（おもに風呂や洗浄用の温水）の割に装置が高価であることや、メンテナンスが難しいことなどからあまり普及していない。特に日本では雨や雪が多く年間日照時間が短いために、経済的に釣り合わない地域が多いと考えられる。得られるエネルギーは湯という形の低質なエネルギーであることも問題である。余剰の原子力エネルギーを起源とする夜間電力を利用した給湯設備のほうが家庭経済的に優れており、競合するのはなかなか難しい。

　風力発電は、風車に発電モータをつけるという比較的単純な作動原理の自然エネルギー変換装置である。得られるエネルギーが利便性の高い電力であること、風さえ吹けば比較的安定した発電が継続できることなどから、太陽放射エネルギーの利用形態としては今後の普及に大きな期待が寄せられているものの一つである。

　風のエネルギー密度は簡単には評価できないが、風力発電用の風車に流入す

るエネルギーに対する発生電力の比はパワー係数と呼ばれ，実機で 0.4～0.45 程度といわれている。最近の最新鋭の大型風車では，風車直径 100 m 以上，出力 2 000 kW 以上のものも登場しているが，風車の単位風受面積当りの発生電力は 200 W/m^2 程度である。

設置面積は風車の風受面よりかなり大きくとらねばならない（風車どうしの干渉を避けるには，ローター直径に対して横方向に 3 倍，縦方向に 10 倍のスペースが必要とされる）ので，地表単位面積当りの発生電力はかなり小さくなる（風車直径 100 m の 200 kW 発電機を例にとると，1 基当り 3 000 000 m^2 = 300 ha の面積が必要なので，設置単位面積当りの発電量はわずか 0.7 W/m^2）。しかし，日照量ほど極端に天候に左右されないこと，日本では風の強い人口非密集地域が多数あることなどから，自然エネルギー利用割合の向上という観点から現在強く推進されている新エネルギー源の一つである。

一次エネルギーの密度に比べると，太陽放射エネルギーはもともと低密度エネルギー源であるから，取り出せるエネルギー量を増やす根本的な方策は設置件数（面積）で稼ぐ以外にはない。そうなるといずれの方法も，いかに高効率・安価に二次エネルギーへ変換できるかが，従来の一次エネルギーの代替という点で大きな課題である。また電力を主体とする二次エネルギーは安定供給や貯留という面で不利であるから，複合的なシステムの中で安定した電力ネットワークを構築することが重要である。したがって，個別に貯留可能な二次エネルギーであるという点で，太陽放射エネルギーを起源とする水素エネルギーの役割に期待は大きい。そのためにはもちろん，エクセルギー効率や経済性の高い水素エネルギーシステムの構築が必要である。

〔3〕 バイオマス

バイオマスとは，一般に植生に由来するエネルギー源のことである。具体的には，樹木からの木材・薪・廃材・おが屑，草木からの果実や樹液とそれらを原料にした生物作用によるメタン発酵，アルコール発酵，などである。

バイオマスは再生可能エネルギーであるとされる。これはどういう意味であろうか。再生可能とは，一次エネルギー資源のように地下から掘り出して消費

してしまえばそれで終わり，というようなエネルギー源ではなく，消費されたエネルギー物質がなんらかの形で循環し再び生成されるということを意味している。植生は，太陽放射エネルギーを得て空気中の二酸化炭素を炭素と酸素に変換する場所と位置づけられるから，植生を炭素の化学エネルギー源として見ると，太陽放射エネルギーによって「再生」するエネルギー源とみなすことができる。したがって，「再生可能」なのはエネルギーそのものではなく，植生というエネルギー源あるいはエネルギー物質であるというほうが正確であるが，慣用に従い「再生可能エネルギー」と称することにする。

バイオマスをエネルギー源として見ると，エネルギー媒体は炭素原子そのものだと考えることができる。つまり，炭素がエネルギーを運び，主として熱機関における燃料となって，燃焼により酸素と結びつき二酸化炭素になる。これが再び植生で炭素と酸素に分けられる。循環の駆動力は，無尽蔵に降り注ぐ太陽放射エネルギーである。エネルギーの投入が太陽放射エネルギー以外になければ，炭素という物質が循環するだけで，全体としてのエネルギーは得も損もしていない。このことから，炭素の循環に着目した表現として，バイオマスはカーボンニュートラルなエネルギーであるといわれる。炭素が循環する限り，空気中の二酸化炭素量は増えも減りもしないからである。

バイオマスは，太陽放射エネルギーをエネルギー源として文明に取り込む最も原始的な手法である。いうまでもなく，18世紀以後の産業革命により多量の化石燃料が使用されるようになる以前は，バイオマスが文明を支えるおもなエネルギー源であった。それが化石燃料に置き換わっていったのは，バイオマスは確かに「再生可能」ではあるが，再生するためには非常に長いスパンの時間が必要であること，エネルギー密度が低いこと，その結果，文明が必要とするエネルギー供給量を質・量ともにはるかに下回ってしまったことが原因である。したがって，これからバイオマスの利活用により脱化石燃料社会を目指すということは，方向性は正しいとしても，実現可能かという点では「現在は不可能」といわざるをえない。

したがって現在のバイオマスの位置づけは，可能な限り化石燃料を代替し，

少しでも化石燃料を長持ちさせて二酸化炭素の増加量も最小限にとどめる，という限定的なものになる．特に，これまでなら焼却処分していたような廃材や廃棄物を加工し，二次エネルギーとして使えるように変換する技術など，炭素循環の最大容量を超えない範囲での利活用技術の開発が期待される．しかしここで重要な点は，加工する際に投入するエネルギー（エクセルギー）より，得られる二次エネルギー（エクセルギー）が十分大きいかどうかという点である．もしそうでなければ，投入するエクセルギーはほかの有効な仕事に用いたほうがよいことになってしまう．

投入エネルギーに対して得られるエネルギーがどれくらいあるかということを，EROEI（energy returned on energy invested）と呼んで評価することが行われている．EROEIが1をある程度超えていなければ，その技術は無意味であると考えられる．なお，EROEIという指標自身にも問題がないわけではない．例えば，どのようなエネルギーを投入エネルギーとして評価し，どこで得られるエネルギーを得たエネルギーとするか，といった点についての公式な決まりはない．また，それぞれのエネルギーの評価方法についても明確な規定はない．それゆえ，評価する人ごとに指標が異なる可能性がある．現在のEROEIは絶対的な評価基準ではなく，エネルギー収支に関する目安程度のものと認識しておくほうがよい．例えば，投入するエクセルギーがもともと余剰のエネルギーとして廃熱されており，原料物質も廃棄対象であった，などの場合では，余剰エネルギーの利活用という観点から見ると，投入エクセルギーより得られるエネルギーが小さくとも，技術として成立する可能性がある．捨てていた熱から少しでもエネルギーを回収する，という観点で考えれば，けっして無駄なことではない．

バイオマスは，従来から用いられている薪や木炭などの燃料のほか，最近では廃棄物を起源とするメタン発酵によるバイオガス，サトウキビやトウモロコシなどを原料としてアルコール発酵により生成されるバイオエタノール，ナタネ油や廃油を原料として生成されるバイオディーゼル燃料（脂肪酸メチルエステル），といったそのまま二次エネルギーとして利用可能な燃料生成技術が開

発されている。また，有機廃棄物の部分燃焼によるガス化炉の原料としてバイオマスを利用することも考えられている。

　近年，バイオ燃料の生成を目的とした植生栽培が進んでおり，例えば世界最大のサトウキビ生産国であるブラジルでは，栽培されるサトウキビの半分がエタノールに転換され，燃料として使われている。また米国では，トウモロコシを原料としたエタノール生産が行われている。これらの栽培は純粋に太陽放射エネルギーのみを得て行われるのではなく，肥料や工場での加工という形でエネルギーが投入されるため，エネルギー収支が重要である。

　先に述べた EROEI を使って評価するならば，エタノール生産のために消費されるエネルギー（肥料，工場動力，設備機械などによる直接・間接消費）に対しては，サトウキビなら 7.8 にもなるのに対して，トウモロコシではほぼ 1 しか得られない。にもかかわらず米国でエタノール生産が行われるのは，原油からの合成（EROEI は 0.85 程度とされている）よりはわずかながら効率的な生産方法であることと，燃料添加剤としてのエタノールの需要増が期待されているため安定的な供給源を必要としているからである。サトウキビが栽培できる地域は世界的に限られており，バイオエタノールに依存しすぎると作柄や国際価格，食用需要との競合などにより，経済安定性に支障を来す恐れもある。したがって，原料であるサトウキビの安定供給が重要な課題である。

4.5　エネルギー分野における生態恒常性のシナリオ

　わが国は 2 度のオイルショックの経験から，政策的に化石エネルギー資源の多様化や省エネルギー化を推進してきた。その後，地域環境問題，いわゆる公害問題が顕在化し，それが，排ガス浄化などの end-of-pipe テクノロジーが目覚ましく発展するきっかけとなった。このような歴史的経緯を踏まえても，未来社会の生態恒常性をどのような技術で担保すべきか，明快な解答を提示することは困難である。しかし，オイルピークと呼ばれる，地球における化石資源量の限界というエネルギーに関する境界条件が明確になりつつある中，地球環

4.5 エネルギー分野における生態恒常性のシナリオ

境の劣化をこれ以上進行させてはいけないという，環境に関する境界条件が新たに付加された。対応は「待ったなし」の状況である。

未来社会のシナリオを描くためには，現状の諸問題の原因と影響の定量的な解析を行った上で，その歴史的な背景と対策をレビューする必要がある。その上で，従来の end-of-pipe 的な対策技術ではなく，上流のプロセスあるいはシステムの改善にさかのぼった技術改良を中心とした，新たなエネルギー技術開発が必要となろう。ただし，新たな技術の開発に関しては，熱力学的，ライフサイクル的な妥当性を事前に解析した上で実施する必要がある。また，地球ならびに地域社会へのインパクト，移動現象論に基づいた技術開発など，時空間スケールも考慮する必要がある。

現実的な問題として，非定常な境界条件である経済性も加味しなければならず，いわゆるトリレンマの状況を克服することは生態恒常性工学の主目的となろう。

5

循環社会システムから見た生態恒常性工学

　人類の目標は未来永劫に繁栄することである。地球環境の危機が20世紀末より叫ばれているが，基本的には人類の活動を維持・発展するために引き起こされる資源枯渇・自然環境破壊が原因である。21世紀の今日，人間活動と地球環境との共存が望まれており，両者の共存がなければ人間活動の維持もおぼつかない。

　そもそもの出発点はわれわれのすべての活動には資源消費が伴い，現在はその資源消費が地球の回復力を上回るためである。よって，人間活動と地球環境の共存のためには，持続可能な資源消費を実現する必要がある。それには，省資源，資源の循環利用を実現させる必要があるが，その前にわれわれの生活にどんな機能がどれだけ必要かを明らかにしなければならない。人類の活動を維持するために必要な機能と，それを実現するための資源消費量ならびに人類が許容可能な環境負荷量とそれを引き起こす人間活動の関係をまず把握し，その機能を提供するための資源・エネルギー消費を最小にしなくてはいけない。このように，種々の機能を維持しつつ資源消費を少なくすることを「脱物質化」という。

　脱物質化を実現するための手順として
① 社会における資源採取から環境負荷までの物質フローを理解すること
② 人類に必要な機能を理解し，適正な物質フローを知ること
③ 正しい評価に基づいた適正な物質フロー実現のための対策を考え，それを社会へ導入すること

が挙げられる。

こうした資源消費を管理し，適正な物質フローへ導くことが物質的な持続可能社会へつながってゆく．

5.1 物質フローを理解すること

5.1.1 物質フロー解析について

物質フロー解析（material flow analysis もしくは material flow accounting, MFA）とはさまざまな次元における物質の流れ，つまり，資源消費や製品生産，環境負荷物質排出など，を調査・解析し，管理しようとするものである．以下に，近年盛んになってきている MFA に関する調査・研究について説明したい．なお，環境経営の分野で物質フローコスト会計（material flow cost accounting, MFCA）という概念がある．MFCA は工場の製造ラインにおけるエネルギー，物質，コストの収支を調査し，製造コスト削減を目指すためのツールであるので，本章で述べる MFA とは区別されたい．

MFA 研究は過去よりさまざまな形で実施されてきたが，地域政策と関連づけることを目標とした研究は，日本，オランダ，オーストリア，ドイツ，アメリカの合同研究チームが各国の MFA を行い，資源消費や環境負荷について比較をしている研究[1]が嚆矢であろう．同研究では，TMR（total material requirement），DMI（domestic material input），DPO（domestic process output），TDO（total domestic output）などの指標によって，物質フローを表している．環境負荷の計算に重点が置かれており，GDP 当りの DPO は日本が最も少ないという結果を得ている．図 5.1 に MFA の概要を示す．前出の TMR，DMI，DPO，TDO 以外にも MFA で使われる指標として，DMC（domestic material consumption）がある．

EU でも EU 各国の MFA を比較し，EU の持続可能社会形成へ向けた政策に反映させようとしている[2]～[4]．EEA[5] や Bringezu ら[6] は MFA によって計算できる指標である DMI や DMC を用いて，EU の持続可能性評価指標の一つとしている．国レベルではこれら以外でも，スウェーデン[7]，英国[8]，デンマー

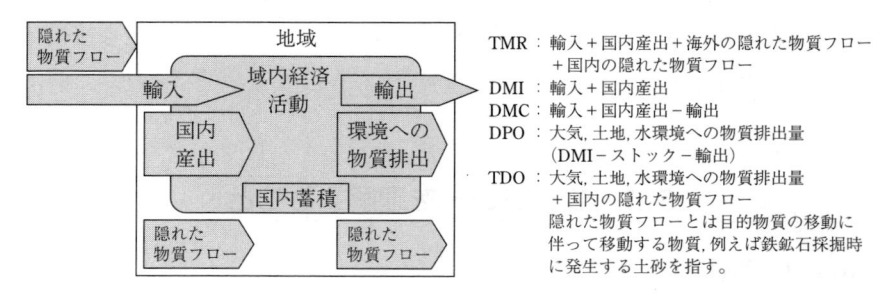

5. 循環社会システムから見た生態恒常性工学

```
隠れた物質フロー →  ┌─────────────────────┐
                    │     地域             │
            輸入 →  │  域内経済活動        │ → 輸出
                    │  国内産出  環境への物質排出 │
                    │      国内蓄積        │
                    └─────────────────────┘
                    ↓ 隠れた物質フロー  ↓ 隠れた物質フロー
```

TMR：輸入＋国内産出＋海外の隠れた物質フロー
　　　＋国内の隠れた物質フロー
DMI：輸入＋国内産出
DMC：輸入＋国内産出－輸出
DPO：大気，土地，水環境への物質排出量
　　　（DMI－ストック－輸出）
TDO：大気，土地，水環境への物質排出量
　　　＋国内の隠れた物質フロー
　　　隠れた物質フローとは目的物質の移動に
　　　伴って移動する物質，例えば鉄鉱石採掘時
　　　に発生する土砂を指す．

図5.1 MFAの概要

ク[9]，フィンランド[10]，チェコ[11]，中国[12],[13] などがある．特にEUでのMFA研究は盛んに行われており，Eurostatならびに各EU加盟国では，MFAのための統計を整備しようとする試みがなされている．さらに，OECDでも加盟各国のMFA統計を整備しようという動きが活発である．

　国を一つの単位としたMFA研究は，必ずしも国内での産業部門間の物質フローに着目していない．なぜならば，国内の各部門間の物質交換は複雑であり，高い精度でMFAを計算することができないからである．よって，これらの研究はマクロ的視点から資源消費や環境負荷排出に着目している．地域を限定したMFA研究は，国レベルのMFA研究に比べると，産業部門間のMFAを記述した事例が多い．工業団地レベルでは，海外のエコインダストリアルパークに関する研究[14] や，日本の川崎エコタウンに関する研究[15] が実施されている．県レベルでは，後藤ら[16],[17] が産業連関表を用いて愛知県のMFAを，愛知県庁[18] が各種統計資料を用いて愛知県のMFAを行っている．ほかの自治体においても，MFAを実施している．そのほかにも東南アジアの一村[19]，屋久島[20] における物質フローに関する研究が行われている．

　MFAで対象とする物質はすべての物質であるが，個々の物質の総和による推計となる．個々の物質はそれぞれ特徴があり，さまざまな施策の効果を検討する場合，全物質ではなく物質単位のほうが議論しやすい場合もある．森口[21] は**表5.1**のようにMFAを六つのタイプに分類し，それぞれのタイプの特徴や応用について述べている．また，EU[22],[23] では**表5.2**のような分類で

5.1 物質フローを理解すること

表 5.1 森口[21]によるMFAの分類

大分類	タイプⅠ			タイプⅡ		
主たる関心の出発点	下記のような物質・製品の単位フロー量当りの特定の環境影響			下記の範囲を出入りする物質に関連するさまざまな環境問題		
分類	物質（元素・化合物）	物質（原材料）	製品	事業所・家庭など	部門	地域
典型的な対象の例	Cd, Cl, Pb, Zn, Hg, N, P, C, CO_2, CDF	木材, 燃料, 建設材料, プラスチック	紙おむつ, 蓄電池, 自動車	生産設備, 事業所, 企業	（集合体としての）生産部門, 化学産業, 建設産業	都市, 地方, 国（総量や収支バランスに重点をおく）
備考	物質・製品をまず設定し, 対象とする範囲（事業所, 部門, 地域など）を決めて物質フローをとらえる			範囲をまず設定し, 把握の対象を元素・化合物, 原材料, 製品, 総量・収支などの中から選んで, 物質フローをとらえる		

表 5.2 EUのMFA分類〔Weiszら[23]を筆者改変〕

バイオマス	食 料	可食バイオマス（域内生産・輸入）
	飼 料	家畜のための草本, 飼料, 副産物
	動 物	畜産業・漁業・狩猟
	木 質	木材, 木材加工品, 紙類
	その他バイオマス	繊維などバイオマスを原料とする軽工業品
化石燃料	石 炭	すべての石炭
	石 油	すべての石油
	天然ガス	すべての天然ガス
	その他化石資源	泥炭, 石油・石炭製品
産業用物質	産業用物質	非金属鉱物
	金 属	金属・金属製品
建築用物質	建築用物質	建築に関するすべての鉱物材料

DMIを計算し, EU各国の資源消費の特徴を記述している。このように個別の物質の流れに着目した研究は, SFA（substance flow analysis）として分類される場合がある。SFAは国や地域に着目した研究よりも, 詳細な物質の流れを記述した研究が多い。近年は特に人体に影響を及ぼすであろうと考えられる物質のフロー解析が, SFAの事例として行われている（鉛[24], 銅[25], 亜鉛[26], 水銀[27]）。廃棄物のMFAに関する研究もSFA研究の範疇に入れることができる。

5.1.2　物質フローはどのように推計するのか

MFAに関する情報を整備するためには，二つの方法があると考えられる。一つが産業連関表を用いて解析する方法であり，もう一つが統計資料や現地調査による積上げ法によって解析する方法である。それぞれの手法の長所短所を**表5.3**にまとめた。

表5.3　MFAの方法

産業連関法	特　徴	産業連関表のキャッシュフローを物質フローに変換する方法
	長　所	すべての産業について一括で物質フローを推計できる。
	短　所	産業連関表がない地域では推計できない。 5年に一度しか推計できない 誤差が大きい可能性がある
積上げ法	特　徴	統計資料や現地調査差から物質フローを推計する方法
	長　所	データの精度が高い
	短　所	部門間の関係については不明な点が多い。 労力・時間・コストがかかる

〔1〕　産業連関表を用いた方法

考えられる地域物質フローを簡易に推計する手法は，産業間の物質フローを記述した既存の統計資料を用いる方法であるが，地域におけるこれら物質フローの解析に直接利用できる統計データは目下のところ見当たらない。地域における物質フローの解析に利用可能な統計データは産業連関表と廃棄物実態調査結果である。情報が特定の物質や個々の製品についてではないこと，5年ごとの統計であるため現状を直接反映しないことなどの問題点はあるが，全産業間の相互関係の把握に産業連関表は有効である。一方，産業廃棄物の発生や処理・処分の状況については，都道府県が産業廃棄物実態調査を抽出した個別事業場に対して実施し，そのデータに基づいて統計処理を行い，地域内全域を推計した結果が公表されている。よって，これら統計データを利用するのが望ましい。

こうした背景を踏まえて，筆者らはこれまでに産業連関表を用いて物質フローを推計する手法を開発した。同手法は産業ごとに適当な重量単価を設定し，キャッシュフローを物質フローに変換するものである。

5.1 物質フローを理解すること

地域物質フローの解析手法はつぎの三つの部分から成り立つ。

① 重量単価の設定：各産業からの産出物質の重量当りの金額（重量単価）を設定する。

② 産業連関表の変換：重量単価を用いて産業連関表に記述されているキャッシュフローを物量フローに変換する。

③ 物質フローの推計：物量フローと産業廃棄物実態調査報告書の廃棄物フローより，地域物質フローを推計する。

(a) **重量単価の設定** 産業間の物質フローを推計するためには，キャッシュフローを物量フローに変換する必要があり，各産業からの産出物質の重量単価を設定しなくてはならない。重量単価は各業種の製品の種類，単価，生産量などの調査結果に基づいて生産量の比率による加重平均によって設定される。この作業を全産業について繰り返すことにより，全産業の重量単価を設定する。各産業の製品の生産量，出荷額は全国版産業連関表中の部門別品目別国内生産額表の値を用いた。しかしながらこの表に記載のない産業の製品については，個別に調査を行った。

(b) **産業連関表の変換** 産業連関表と各産業の重量単価から産業の投入量と産出量を推計する。ここで，各産業に投入される物質のうち，燃料として投入される物質は CO_2 となって大気へ排出されると仮定する。石炭・亜炭，原油，天然ガス，石油製品，石炭製品の5産業からの移動物質は各産業で燃料として用いられ，CO_2 として大気へ排出される。ただし，原油から石油製品，石炭・亜炭から石炭製品，石油製品から石油化学基礎製品への産業間の炭素移動については，燃料としてではなく原材料として移動しているとみなし，CO_2 排出量の計算対象から省くことができる。

$$M_{X \to Y} = \frac{C_{X \to Y}}{U_X}$$

ここで，$M_{X \to Y}$ は X 産業から Y 産業への産出量〔t〕，$C_{X \to Y}$ は X 産業から Y 産業への産出金額〔円〕，U_X は X 産業の重量単価〔円/t〕である。

(c) **愛知県全産業の物質フロー** 本手法によって推計された愛知県全

産業の物質フローを**図 5.2** に示す。愛知県は県外から 118×10^6 t の物質（移入＋輸入）を受け入れ，県内の生産 212×10^6 t と合わせて愛知県全産業の総投入量は 330×10^6 t である。総産出のうち県外への移出が 74×10^6 t，海外への輸出が 11×10^6 t，県内消費が 12×10^6 t となる。県内消費よりも移出・輸出が大きいことから，愛知県は県外へ多くの製品を出荷していることがわかる。また，24×10^6 t の物質が CO_2 として，18×10^6 t の物質が廃棄物として排出される。廃棄物として排出される物質は総投入量の 5.5 ％ となる。さらに，実態調査報告書によると愛知県における廃棄物の総発生量のうち最終処分される割合は 19 ％ であることから，廃棄物として最終処分される物質は総投入の 1.0 ％ となる。

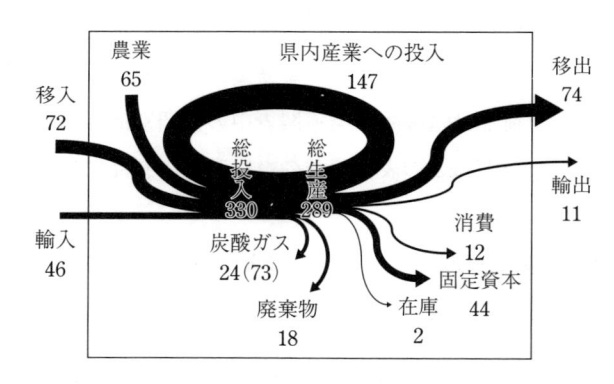

図 5.2 愛知県全産業における物質フロー〔単位：10^6 t/y〕

炭酸ガス量は使用された石油・石炭量で，（　）内はその炭素含有量より炭酸ガス量に換算したもの

〔2〕 統計情報を積み上げる方法

既存の統計情報は，当然のことながら，MFA のために整備されているわけではないので，複数の統計情報を組み合わせることによって MFA を推計することになる。重量に関する統計が存在するのであれば，その情報をそのまま用いるのが最も精度が高いといえよう。対象範囲が国以外のレベルとすると統計情報が整備されていない場合が多いので，全国の統計情報からなんらかの形で推計することが必要である。**図 5.3** に積上げ法によって求めた愛知県の物質フローを示す。図 5.2 は県内の物質フローを表現することができ，それに対して，図 5.3 は種類別の物質フローを表現することができる。

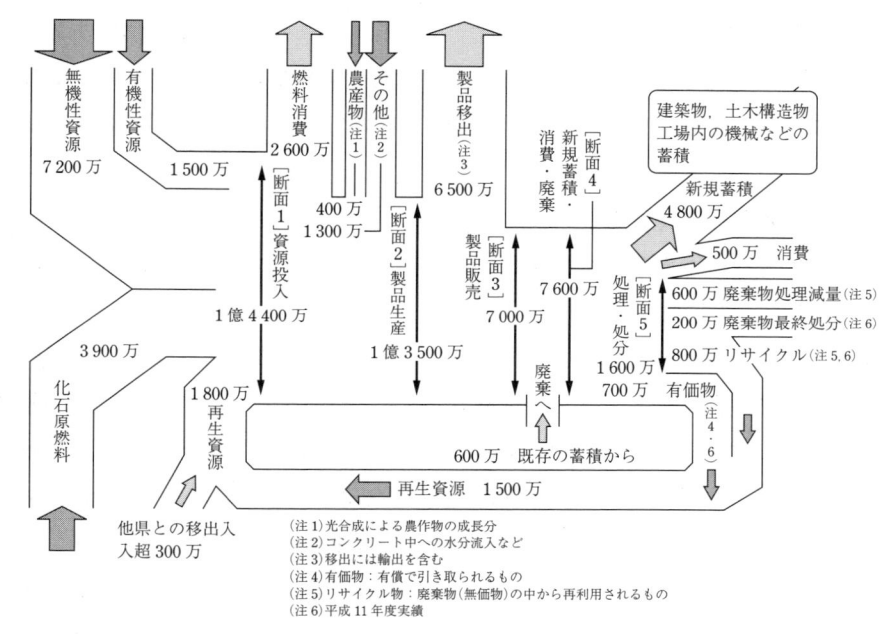

図 5.3 積上げ法によって求めた愛知県の物質フロー（平成12年度，単位：t）

5.2 適正な物質フローを知ること

5.2.1 人類は物質をいくら消費しているのか

〔1〕 日本の物質消費

まず，日本の物質消費から見てみよう．日本の人口は2005年で1億2776万人である．実質GDPは538.9兆円である．よって，一人当りのGDPは422万円である．このGDPを維持するためにわれわれはどれだけの物質を使っているのであろうか．

平成18年版の循環型社会白書[28)]によると，日本には2003年度に19.8億tの物質が投入されている（7.9億tが輸入，9.7億tが国内産出，2.2億tが循環資源）．国民一人当りでは，約15.4tである．内訳を見ると，その半分程度の9.3億tが建物や社会インフラの形で蓄積されている．また1.4億tが製品などの輸出であり，4.2億tがエネルギー消費，5.8億tが廃棄物などの環境

負荷である。個々の事例を見ていくと，わが国のエネルギー消費量は約 4.2 億 t（一人当り約 3.3 t）のうち，石油消費量は約 2 億 3 600 万 kl（2005 年）である。また石油消費量のうち，ガソリンと軽油の消費量は合わせて約 9 850 万 kl である。

〔2〕 世界の物質消費

では，日本の物質消費はどのような位置にあるのであろうか。MFA を用いると他地域との比較，過去との比較ができる。まず，地域間の比較を行ってみよう。比較のために，中国における物質消費の現状を推計する。2003 年度における中国の輸出入および生産は**表 5.4** のようになる。DMI は 112 億 5 000 万 t，DMC は 110 億 9 000 万 t であり，一人当り DMI は 8.63 t となる。Chen and Qiao[12]は 1996 年における DMI を 31 億 3 000 万 t，一人当りの DMI を 2.5 t と推計している。また，Bringezu ら[6]は 1996 年における一人当りの DMI を 2.4 t と推計している。ただし，Chen and Qiao[12]の推計には建設資材は考慮されておらず，Bringezu ら[6]は建設資材の推計（0.4 t）の不確実性が高いと述べている。1996 年の建設資材の DMI を独自に計算すると 35 億万 t，全 DMI は 66 億 3 000 万 t となり，一人当りの DMI は 6.17 t になった。1996

表 5.4 中国の物質消費

		DMI〔10^4 t〕			一人当り DMI〔t〕		
		1996*	2003	2003	1996	1996	2003
バイオマス		73 000*	154 000	153 000	0.68	0.6**	1.18
化石燃料		157 000*	228 000	215 000	1.46	1.3**	1.75
工業資材		83 000*	116 000	114 000	0.77	0.1**	0.89
建設資材		350 000	627 000	627 000	3.26	(0.4)**	4.81
全		663 000	1 125 000	1 109 000	6.17	(2.4)**	8.63
物質	建設資材を除く	313 000*	412 000	395 000	2.91	2.5* 2.0**	3.82

＊Chen and Qiao[12]，＊＊Bringezu ら[6]
　無印は著者計算　食料消費に関しては FAO 統計[29]より，それ以外の物質消費に関しては中国統計[30),31)]より推計した。ただし，中国の骨材消費データが未整備のために，セメント消費量と道路延長から推計した。コンクリート用の骨材消費量は日本と同様にセメント消費量の 6 倍とした。道路建設用の骨材消費量も日本と同様に 52 500 t/km とした。

年から 2003 年の間に DMI は約 70 ％増，一人当りの DMI は 40％増大している。

では，中国を含めたさまざまな地域と比較したらどうであろうか。各国の統計は統一されていないので厳密な比較はできないが，公表されている統計・文献より MFA に関する指標を推計し，各国間で比較する。図 5.4 に中国，ヨーロッパ各国，日本の各都道府県の DMC を示す。

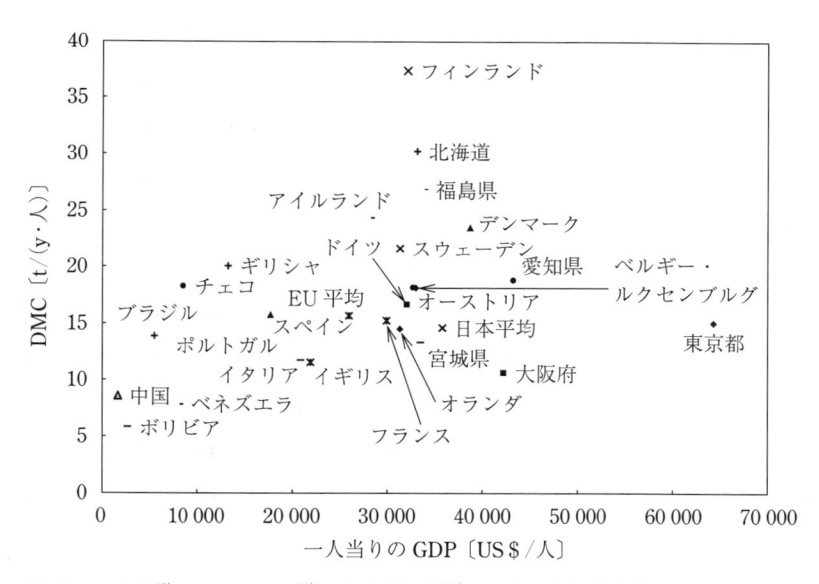

図 5.4 中国[12]，ヨーロッパ[23]，中南米各国[32]，日本の各都道府県の DMC
〔各都道府県の DMC は県庁のホームページより引用〕

2003 年における中国の一人当りの DMC は 8.63 t であり，これは EU や日本のそれと比べると小さな数字になる。日本，EU 各国は GDP の大小によらず，一人当りの DMC が 15 t 付近に集まっている。これにより，中国は物質消費社会へ本格的に移行していないことがわかる。

一人当りの GDP が 1 万 US＄以下の国のデータが不足しており，確実なことはいえないが，一人当りの GDP が 8 000 US＄のチェコや 5 000 US＄のブラジルの物質消費がすでに EU や日本並みであることから，GDP が 5 000 US＄前後に物質消費量が大きく増大する範囲があると考えられる。しかしながら，

周知のとおり中国国内には沿岸部と内陸部に大きな経済格差が存在する。北京の一人当りの GDP は 3 710 US＄であり，上海のそれは 5 530 US＄であり，中国の平均値よりもかなり高い。DMC と GDP は正の相関にあると仮定すると，北京・上海の両地域の DMC，つまり，沿岸部の経済が発達した地域における DMC は EU や日本並みに近づきつつあることが予想される。

また，図 5.4 によると東京の一人当りの GDP がぬきんでているが，DMC については平均的な値を示している。これにより東京は金融などの物質消費を伴わない経済活動が盛んであることを示している。また，フィンランドのように一人当りの GDP は EU や日本の平均であるが，DMC が大きな国や地域もある。フィンランドでは建設資材の消費量が多いために DMC が大きいが，これは国土全体の人口密度が低く社会資本を整備しなくてはいけないので，一人当りの建設資材消費量が多くなってしまうためである。

表 5.5 に各地域の DMC の内訳を示す。一人当りの食料消費量（加工も含む）は中国で 0.72 t，日本で 0.56 t，EU で 0.87 t である。中国の場合は野菜の消費が多く，EU の場合は肉類の消費が多いのが特徴である。いずれにせよ，3 地域の間に大きな差がないことから，食料の消費量は GDP に依存しないことがわかる。一人当りの化石燃料消費量に関しては，中国は 1.75 t，EU は 3.5 t，日本は 3.7 t となり，中国は EU，日本の約半分となっている。また，同様に，一人当りの工業資材消費量については，中国は 0.89 t，EU は 1.0 t となり，大きな差がない。これに対して，一人当りの建設資材消費量については，中国は 4.81 t，EU は 7.0 t，日本は 6.5 t である。よって，今後の大規模

表 5.5 各地域の DMC 〔t/人〕

	中国 2003	中国 1996	日本 2002	EU 2002
食 料	0.72	—	0.56	0.87[23]
バイオマス	—	0.6[6]	2[6]	6[6]
化石燃料	1.75	1.3[6]	3.7[28]	3.5[23]
工業資材	0.89	0.1[6]	3[6]	1.0[23]
建設資材	4.81	0.4[6]	6.5	7.0[23]

な社会基盤の整備に伴い，物質消費の増大が予想される。

〔3〕 われわれは生活にどれほどの物質が必要か

人間の生活には「衣食住」が欠かせないといわれている。これは人間としての最低限の「文化的」生活水準を示す言葉であり，重要性としてはすべて同等であろう。しかしながら，人間を生物体としてとらえると，優先順位は，まず「食」がくるであろう。また，過酷な自然を避けるために「住」・「衣」がくるのではないだろうか。

狩猟社会における一人当りのDMCは1tであり，農耕社会は4tと推計されている[32]。これは，現在の先進国の物質消費の7～25％となる。このような数値が数千年の歳月を経て，15tとなったのである。表5.5によると食の消費に関しては各国ともそれほど大きな差はなく，これによって，現代社会においては食に必要な資源量は0.5～1tと推測される。人類の歴史において体格の変化はあるものの人間の代謝は変わらないであろうから，過去においても0.5～1tという値はそれほど違わないと思われる。この数値を最低ラインとして，人類の発展において食以外の物質消費が増大してきたことがうかがえる。これまでの人類の発展と物質消費に関しては正の相関があったが，今後は負の相関でなくてはならない。そのためにも，再生可能資源を意識した物質消費システムを構築しなくてはならない。

5.2.2 適正な物質フローとは──脱物質化という考え方

〔1〕 持続可能資源

適正な物質フローを定義することは難しい。なぜならば，現在のわれわれの生活レベルを維持するためには資源の一方的な収奪が欠かせないからである。持続可能を地球の再生力の範囲内とするならば，われわれは自然エネルギーの範囲で生活しなければいけないであろう。

再生可能エネルギーとして最近注目されているものにバイオマス燃料がある。日本政府のバイオマス計画では，2010年までにバイオマス液体燃料利用量を石油換算で50万klに，バイオマス熱利用を同308万klにするというこ

とである。同様な計画はアメリカ，EU など各国で発表されている。いずれも国内の液体燃料消費の 10 〜 20 ％程度をバイオマス燃料に代替するものである。これらの量はいったいどのように評価すべきであろうか。ちなみに，わが国の石油消費量は約 2 億 3 600 万 kl（2005 年）であり，50 万 kl という数字は日本の総石油使用量のわずか 0.2 ％にすぎない。

最近流行している廃食用油からのバイオディーゼル燃料（bio-Diesel fuel, BDF）生産もつぎのように試算できる。日本国内の家庭からの廃食用油発生量は 98 280 t[33]と推算されている。かりにその 100 ％が BDF となったとしても，日本国内の軽油消費量（3 115 万 t，2003 年）のわずか 0.3 ％にすぎない。

スウェーデンでは全エネルギーの 20 ％をバイオマスが占めるといわれている[34]。北欧に滞在したことがある人ならわかるであろうが，多くの家庭で暖房や調理を木質バイオマスで賄っている。バイオマス利用の先進的な事例を日本にそのままあてはめることはかなり難しい。かりにスウェーデン的バイオマス利活用を行い，（エネルギー的に）持続可能な生活を送ろうとすれば，エネルギー消費そのものを 20 ％に抑えなくてはならない。

また，電力に関しては水力発電が最大の再生可能資源であろう。それでも日本国内の電力消費の 10 ％程度しか電力を供給できない。

持続可能な社会形成を目指すのであれば，データとして全資源消費量に対する再生可能資源の割合を示すことが重要である。その再生資源を国内で生産するのか，海外からの輸入も含むかをつぎに考慮する必要がある。技術革新による新エネルギー供給についても努力すべきであろうが，ここでは考慮しない。

つまり，手順として，現状の物質消費を把握し，そのうちの再生資源存在量を評価する必要がある。つぎに，供給可能な再生可能資源の範囲内での社会を構築することが可能かどうかである。おそらく，現状の社会・経済システムを維持しようと思えば無理であろう。持続可能な物質消費が困難であれば，次善として循環システムを確立し，枯渇性資源の消費を極力抑制する必要があるであろう。

〔2〕 **脱物質化について**

　脱物質化とは前述のように，われわれの生活を物質消費に頼らない社会として再構築するものである。OECDでは脱物質化を評価する指標として脱物質化指標が提案されている[35),36)]。脱物質化指標とは，ある期間の経済成長と物質消費を比較して，経済成長率よりも物質消費率のほうが低ければ，脱物質化が実現している，逆であれば脱物質化が実現していないと評価することができる。

　GDPとDMIの過去と現在を比較して，中国社会の持続可能性について検討する。前述したようにDMIは1996年から2003年の間に70％増大しているが，GDPは7 002億7 800万US＄（1995年）から1兆4 170億US＄（2003年）とこちらはほぼ100％増大している。これは，中国の経済発展よりも物質消費の伸びがやや下回っており，脱物質化が進行しているといえよう。また，前述したように中国の一人当りのGDPはEUや日本並みでないために，物質消費の段階もEUや日本と同じではない。特に今後いっそうの産業の発展や社会基盤の整備に伴い，物質消費の伸びがGDPの伸びを上回る可能性もあり，そうなればより脱物質化から遠ざかる可能性もある。建設資材の物質消費は人口密度に依存すると考えられる[23)]。中国は人口密度が低いために社会基盤の整備がより必要になり，建設資材の消費が増えるというシナリオはかなり現実的である。

　DMI当りのGDPを資源生産性とすると，資源生産性は脱物質化と同義になる。つまり，資源生産性が上がると2004年における中国の資源生産性は126 US＄/tに対して，EUは1 650 US＄/t，日本の資源生産性は2 400 US＄/tである。1996年の中国は資源生産性も106 US＄/tであるので，ほとんど改善されていない。日本も1996年の資源生産性は2300 US＄/tであり，改善されていない。しかしながら，資源生産性を上げることは脱物質化につながることであるので，両国のさらなる改善を期待したい。

5.3 適正な循環システムへの取組み

5.2節では人類存続のためには物質消費を抑え，物質循環をするシステムをもつ社会の構築が必要であると述べた。つまり，物質消費そのものを減らすことと一度使った物質を再利用することである。こうした社会は「循環型社会」いわれる。

わが国では平成12年に循環型社会形成推進基本法という法律が施行された。同法は第二条において「循環型社会」を

① 製品などが廃棄物などとなることが抑制され，
② ならびに製品などが循環資源となった場合においてはこれについて適正に循環的な利用が行われることが促進され，
③ および循環的な利用が行われない循環資源については適正な処分が確保され，もって天然資源の消費を抑制し，環境への負荷ができる限り低減される社会

と，定義している。

①はリデュース，②はリユースとリサイクル，③は適正な処分（不法な最終処分の排除）を指している。物質消費には①，②が関連しており，法律からも適正な物質消費が求められている。なお，「循環」型社会というと，リユースとリサイクルのみを指すように誤解されるが，リデュースも含めた省資源消費型社会のことを指しているといえよう。なお，リデュース，リユース，リサイクルは3Rと呼ばれ，わが国の政策においても重視されている。

このような循環システムを構築するためには，各種施策の評価ツールも必要である。施策評価ツールとしてのMFA利用に関しては，わが国は先行している。前述の国際研究プロジェクトにも加わった国立環境研究所の研究グループによる日本のMFAに関する研究がある[37],[38]。持続可能な社会実現へ向けた方法の一つは物質消費・環境負荷排出を低減することである。それらは，わが国の循環型社会形成推進計画では資源生産性（＝GDP／天然資源など投入量）や循環利用率（＝循環利用量／(循環利用量＋天然資源など投入量)），最終処分量

という指標で表されている。こうした指標を推計するためには，MFAによる地域への資源投入と産出（製品製造，廃棄物排出）を把握することが必要である。日本はMFA研究を国の環境施策の数値目標として反映させている数少ない国である。

こうしたMFAによる指標をいかに現場の施策に生かすがが重要である。そのためには，さまざまなステークホルダーが努力しなければならない。循環型社会を実現する責任は，行政・企業・市民のすべてのステークホルダーが負わなければならないものである。これまでに，循環型社会を形成するためにさまざまな施策が実施されている。その施策を行政・企業・市民別に見てみよう。

5.3.1 行　　　政

行政は国民の生活水準維持・発展に責任があり，そのための方法として法律の制定とそれに伴う各種の施策の実施がある。また，中央政府が法律の制定をおもな業務としているのに対して，地方自治体は法律の遵守の管理と，法律に伴う具体的事業の実践をおもな業務としている。

その施策は，法律制定，補助金，課税，事業などさまざまである。行政は循環システム形成のための中心的な役割を担うべきである。具体的には，前述した循環型社会形成推進基本法に基づき，さまざまなリサイクル法の施行，それらを実施するためのリサイクル施設に対する補助，あるいは廃棄物取引税による課税などが挙げられる。以下にそれらの取組みを紹介する。

〔1〕 リサイクルに関する個別法

リサイクルに関する法律には，資源有効利用促進法（資源の有効な利用の促進に関する法律　平成3年施行），容器包装リサイクル法（容器包装に係る分別収集及び再商品化の促進等に関する法律　平成7年施行），家電リサイクル法（特定家庭用機器再商品化法　平成10年施行），建設廃棄物リサイクル法（建設工事に係る資材の再資源化等に関する法律　平成12年施行），食品廃棄物リサイクル法（食品循環資源の再生利用等の促進に関する法律　平成12年施行），自動車リサイクル法（使用済自動車の再資源化等に関する法律　平成

14年施行）などがある。いずれも，自発的な循環システムが構築されなかった物質に対して，循環システムを強制的に成立・浸透させた効果は評価されるべきである。

　容器包装リサイクル法は行政・市民・企業の役割を明確にしている。行政（地方自治体）は容器包装ごみの収集・保管を，消費者は分別排出を，企業は再資源化を責務としている。これまでは，地方自治体が容器包装ごみの処理に関する責務を負っていたが，消費者と企業にもそれぞれ責務があることを記述した法律となっている。これによって，各自治体はプラスチックごみのリサイクルセンターを建設し，企業は容器包装リサイクル協会に再資源化を委託する仕組みができ上がった。

　家電リサイクル法は最終処分場を圧迫する白物家電を再資源化するという法律である。こちらも市民・販売店・企業の役割を明確にしている。市民は費用の負担，販売店は使用済み家電の回収，企業は回収した家電のリサイクルが役割として求められている。特にエアコンや冷蔵庫の場合は冷媒として用いられているフロンの回収にも役立っている。

　建設廃棄物リサイクル，食品廃棄物リサイクルは，企業に対して特定の産業廃棄物の処理を義務づけている。建設廃棄物の大部分を占めるコンクリート・アスファルト塊，木屑はほぼ100％リサイクルされているが，リサイクルしにくい混合廃棄物のリサイクル技術開発が今後の課題となろう。食品廃棄物は堆肥化，飼料化，ガス化などが実施されているが，堆肥化に関してはリサイクル堆肥の需要先の確保，飼料化に関しては廃棄物の質の確保，ガス化に関してはコストが今後の課題となっている。

〔2〕　補　助　金

　循環型社会形成に関する補助制度として最も有名なのが，経済産業省と環境省が共同で主管しているエコタウン補助事業である。地方自治体が独自のエコタウン案をまとめ，認可されるものである。エコタウンプランはソフト事業とハード事業に分かれ，ソフト事業は市民への啓蒙普及活動，ハード事業は先進的なリサイクル技術を対象とし，認可されることによって，両事業に補助金が

出るものである。

わが国では平成19年9月時点で，26箇所がエコタウンとして認定されている。中でも北九州エコタウンはわが国最大のエコタウンであり，多くの静脈産業が集積し，循環システム形成のために操業している。

〔3〕 課　　税

課税，いわゆる「環境税」に関しては全国的に炭素税が議論されている。環境税は環境負荷を発生する人間活動に課税（炭素税に関しては化石燃料消費に課税）することによって，その活動を抑えるというものである。

産業廃棄物税が平成14年に三重県で導入された。これは，県外からもち込まれる産業廃棄物に対して課税するものである。税収を環境関連施策に限定して利用することを目的とするものであったが，アナウンス効果（報道による影響）で税導入前年度より産業廃棄物の持込みが激減した。さらに，導入後も産業廃棄物の最終処分量が減少した（平成12年度34万5 000 t→平成16年度16万7 000 t）。三重県の成功例に倣い，その後各地で産業廃棄物税が導入されるようになった。

5.3.2 企　　業

企業が循環システムにかかわる場合，大多数を占める一般の廃棄物排出企業と，廃棄物処理企業とではかかわり方が大きく異なる。

企業の目的は利潤を追求し，株主・顧客・従業員に対して責任を果たすことが本来の目的である。これまでの大多数を占める一般企業において，環境活動はどちらかというと利潤を減少させるものであった。しかしながら，近年の環境問題への関心の高まりから，環境に優しい企業活動をすることが企業の利潤につながることがわかってきた。環境活動そのものが経費の削減につながる場合もあるし，環境活動が企業の必須条件となり，環境活動を実施しない企業は社会的制裁を受けることが多くなった。

よって，企業の社会的責任（corporate social responsibility, CSR）に環境活動は大きなウェイトを占めるようになった。しかしながら，環境活動といって

も千差万別であり，どの環境活動を行うのがよいかがわからない。また，環境活動を行ってもはたして世間から評価されるかわからず，評価されるための活動もたいへんである。これらを同時に満たす方法として「環境マネジメントシステム（environmental management system, EMS）」という企業の環境活動を第三者が一定のルールに基づいて評価・認証するという制度がある。代表的なEMSはISO 14000，エコアクション21（EA 21）である。ISO 14000は国際標準化機構が管理し，EA 21は環境省が提唱した。大ざっぱな分類では，ISO 14000が大企業もしくは海外との取引のある企業向け，EA 21が中小企業向けであるといえよう。どちらのEMSも経営トップの意志を必要とする。

　廃棄物処理企業にはまず法令遵守による廃棄物の適正な処理が求められる。これまでわが国では数多くの不法投棄の事例が報告されている。循環処理システムの基盤を支えるのが，廃棄物の適正な処理である。これに付加的な要素として，循環処理が実施されるべきである。廃棄物処理企業は法律による適正処理を前提として，リサイクル，リユースが実施されている。こうした流れを受けて，EA 21などのEMSを取得する廃棄物処理業者が増えてきている。

　また，新しい技術開発も企業の役割といえよう。新しい技術開発をする場合，その初期の段階では，大学，行政の役割が大きい。技術の実用化の段階では産・官・学の連携は重要となろう。初期段階，実用化段階で各種補助金制度があるので，それを利用できるとよい。

5.3.3　市　　　　民

　持続可能社会への構築は行政や企業だけでなく，われわれ市民の努力も不可欠である。市民が環境活動を行う場合，市民団体によって行う場合と個人によって行う場合がある。

　市民団体はこれまでの行政・企業の活動と対立するものから，行政・企業の活動を補完するものになりつつある。行政・企業の立場からは，機動性の高い市民団体は細やかな活動を必要とする環境保全活動には欠かせない存在となっている。さらに，市民団体と協働することによって，市民そのものの意見を吸

い上げることができる。しかしながら、行政や企業の活動の一部を市民団体に委託する場合は、そうした活動を実施できる能力を市民団体が保有しているかどうかが、重要となってくる。

　個人での環境活動はライフスタイルそのものである。ごみを正しく分別することや家庭で省エネルギーを実践することが個人に求められている最低限の環境活動である。外部の情報を積極的にとらえ、どの行動が環境保全に真に貢献するのか、あるいは新しい環境問題をつねに認識することなどが求められる。ロハスという新しいライフスタイルも提案されている。しかしながら、個人での情報収集には限界があるので、行政が主体となる啓発活動などが必要となってくる。さらに、個人の環境活動を通して、環境活動を実践している企業を手助けすることも考えられる。

5.3.4　行政・企業・市民間の情報共有

　これまでは、循環システムにかかわる主体の役割を見てきたが、方法について考えたい。技術に関しては他章に譲るとして、本項では技術をベースとした物質循環システムを明らかにする情報システムの役割を考えたい。

　愛知県は平成16年にエコタウンに認定された。愛知県エコタウンはほかのエコタウンと異なり、既存の施設、事業を生かしたエコタウンとなっている。つまり、新しくエコタウンとして静脈産業集積地を作るのではなく、県内にある既設の静脈産業施設を生かし、そこに新技術を導入し、循環型社会を推進するものである。特に、新技術導入に関しては、県内の企業による新技術開発に独自の補助を実施し、自立した産業育成を目指している。そのような企業活動による補助は、技術開発に対する補助だけでなく、優秀技術に対する表彰制度（愛知環境賞）、ビジネスマッチングの場の提供（循環ビジネス創出会議）などの支援事業を実施している。

　その事業の一環として資源循環情報システムがある。これは、県内の循環型社会形成にかかわる関係者の情報を少しでも共有することにより、効率のよい循環システム形成を支援しようとする試みである。

環境情報システムは，①MFA（物質フロー解析），②環境技術データベース，③廃棄物発生データベース，④循環システム評価ツール，などの要素から成り立つ。

〔1〕 **MFA**

MFAは地域の現況を表示するものである。本システムで表示されている物質フローは図5.3にある。また，**図5.5**に愛知県資源循環情報システムのホームページの画面を示す。これにより，地域の物質消費，最終処分量などが一目瞭然となる。

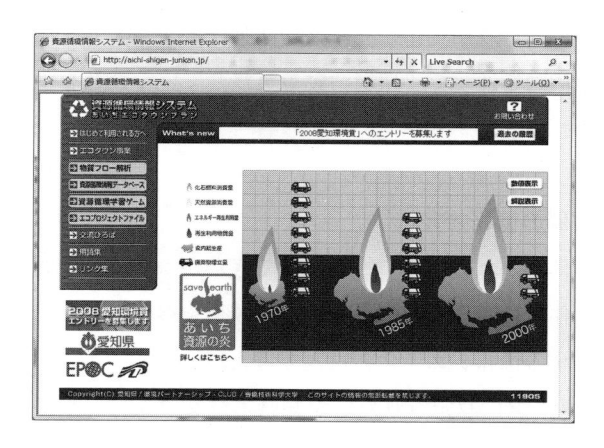

図5.5 愛知県資源循環情報システム画面

〔2〕 **環境技術データベース**

現在は多くの技術データベースが公開されている。必ずしもすべての技術が実用化されているわけではない。廃棄物処理の場合，地域での処理が優先される場合があるために，地域の企業がもつ技術を優先して掲載することが望ましい。

〔3〕 **廃棄物発生データベース**

このデータベースは，中間処理業者などが地域の廃棄物発生を把握し，新しいビジネスの機会を仲介する機能がある。実際にはホームページを見ただけでは排出業者と中間処理業者のマッチングは進捗しないが，情報の信頼度と精度を向上させることが，よりマッチング促進を支援するであろう。

〔4〕 循環システム評価ツール

地域の産業部門別の環境効率性，資源循環率などを表示する。これにより，自社の物質フローと業界平均とを比較することができる（**図5.6**）。

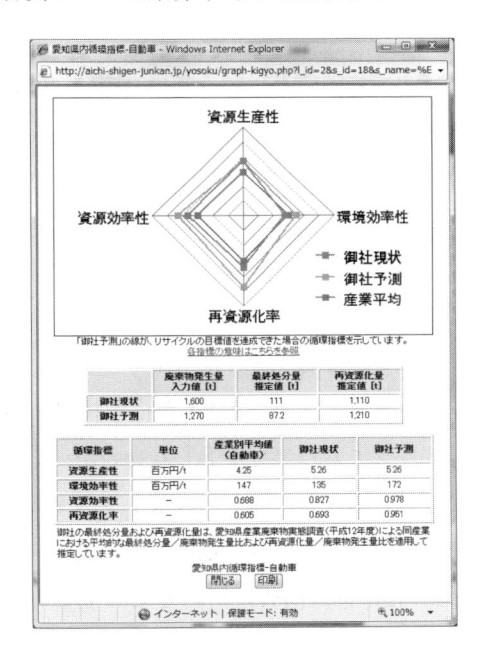

図5.6 資源生産性表示画面

以上，愛知県の資源循環情報システムの概要を説明した。情報システムを構築したからといって，必ずしも循環システムが構築されるわけではない。やはり，マッチングをするコーディネータの存在は必要であり，コーディネートする際の支援ツールとして利用されるのが主である。

5.4 生態恒常性社会へ

以上，MFAをベースとした持続可能な循環社会システム形成へ向けた取組みを紹介した。新しい行政・企業・市民の各主体の取組み，循環技術の開発が大事であることはいうまでもないが，さらに，活力のある循環システム社会と

しての生態恒常性社会への移行に関しては，情報システムの重要性を強調したい。

5.4.1 物質管理

生体を鑑みると，物質収支が大事であることはいうまでもない。食物を口より摂取し，胃で消化し，小腸で栄養素を吸収することによってエネルギーを得ている。血管は血液を介して全身に栄養素を供給する。社会における消化器系・循環器系が物質フローである。この物質フローが正常になっているかを管理する必要があり，そのためには社会における物質循環をベースに適正な物質管理を行う仕組みが必要なのではないだろうか。

物質管理のためにはMFAはたいへん有効なツールである。しかしながら，現状のMFAは統計資料などに依存するために，MFAが描く物質消費と実社会の間には時間差が生じる。リアルタイムは無理かもしれないが，この時間差を埋めるようにしなくてはいけない。廃棄物に関しては電子マニフェストを生かすことができよう。また，物質消費に関しては，現状でも各種統計の速報値があるので，これらの速報値集計時に物質消費の情報も集計することによって，可能となる。

5.4.2 情報システム

人体は物質フローだけで成り立っているのではない。各器官を結ぶネットワーク，神経系やリンパ系も重要な役割を果たしている。社会において神経系，リンパ系に相当するのが情報である。前述したMFAをベースにした物質管理システムを各種施策に生かすためにもMFAの情報をすみやかに各主体が共有することが必要であり，そのためにもMFAに関する情報システムの整備が必要である。MFAに関する情報を各主体が共有することによって，適正な物質フローへのフィードバックシステムが機能することであろう。情報システムと物質管理システムの両者が機能することによって恒常性をもつ社会を維持することができる。

6

リサイクル技術から見た生態恒常性工学

6.1 未利用物質の資源化

　外界からの入力が太陽エネルギーだけである地球上で，既存の鉱物資源を有効活用しながら人類生存の持続性と安全快適性を維持するためには，必要なシステム像を明確にする必要がある。経済および産業活動を支え続けるためには，資源・エネルギーの確保が不可欠であることはいうまでもない。しかし，一次鉱物資源の量は有限であるから，採取し利用し続ければ，将来，資源・エネルギーの十分な量を確保できなくなることは明らかである。よって，このような事態を招かないための循環型社会システムを早急に構築しておく必要がある。そのためには，ライフスタイルの再検討をはじめ，一個人を含め事業体個別の生産プロセスにおける資源・エネルギー使用量を削減すること，およびそれぞれのプロセスから排出する未利用物質の発生量を抑制することが必要である。排水・廃棄物・排ガスなどによる環境への負荷を限りなく低減するとともに，将来的に資源・エネルギーを十分に確保できなくなるような事態が生じても対応できるような，資源・エネルギーの消費構造と，これを支える物質循環プロセスを構築しなければならない。

　このような循環型社会の中核を形成する再資源化技術に求められる機能は，必然的に発生する未利用物質，低品位物質などをより付加価値の高い物質に変換し，階層的に有効利用することである。すなわち健全な物質循環プロセスの構築を念頭に置いて，現状の不要物（未利用物）に潜在する物質の質的転換を行うとともに，生産物を階層的に有効利用する物質循環システムを設計・構築

するための要素技術の開発に取り組むことが必要である。

さまざまな要素技術の開発が行われている中，特異な性質を示す高温高圧水の応用が注目を集めている。亜臨界あるいは超臨界領域にある高温高圧水の諸物性および高い反応性を利用して，有害物質の無害化，廃棄物の減容化，さらに未利用物質の資源化に関する研究が活発に行われ，多様な研究成果も公表されるようになっている。

このような高温高圧水反応による未利用物質資源化技術の研究開発を効率的に行うためには，以下のことに注意しなければならない。

① 高温高圧水の溶媒としての物性や反応性の把握
② 多様な未利用物質から有価物の回収を行う場合，その反応機構・反応条件と生成物などの既存情報の整理・解析
③ 目的物質の収率向上のための反応条件の選定，分離・精製方法の確認
④ プロセス全体を通して発生する二次廃棄物についての十分な考察
⑤ 多様な形態の未利用物質をハンドリングするための反応装置の設計
⑥ 生成物の用途開拓やその価値に至る情報の集積
⑦ 地域や産業における未利用物質の排出状況の調査
⑧ 実現性がある物質循環ネットワークを考慮した上で，物質・エネルギー収支の検討
⑨ 初期投資を含めたトータルコストなどの評価

6.2 高温高圧水の特徴

高温高圧水を用いた技術としては，おもに無機化合物を対象とする水熱反応としての歴史が古い。超臨界流体技術としては，溶媒に二酸化炭素を用いた抽出や分離（おもにクロマトグラフィー）に関する研究が盛んに行われ，多く実用化されている。特に，天然物から有用物質を回収する超臨界流体抽出に関する研究は，現在においても幅広く行われている。

超臨界流体は，その物性が明らかになってきたころから，おもに爆薬の処理

から始まり，難分解性物質の分解無機化あるいは無害化の研究が行われてきた。当時，ダイオキシン問題が社会に出て，同時に焼却炉建設に関する問題，そして焼却に対するイメージの悪化が生まれた。また，ポリクロロベンゼン（PCB）の処理に関する問題も発生したことから，水の中で燃やすという概念で，超臨界水酸化分解に関する研究に，大いに注目が集まった。

有機性循環資源の再資源化技術の一つとして古くから研究されてきた，セルロースを主成分とする未利用物質を対象とした研究が，最近になってさらに詳細に進められるようになってきた。そしてそれにより，超臨界水技術のさまざまな利点や欠点が明確になってきている。現在，これらの研究は新たな目的のために盛んに進められている。その目的の一つは，未利用物質をバイオエタノールの原料に変換することである。

少し遅れ，プラスチック類や化学製品製造残渣など，人間起源の未利用物質の再資源化技術が盛んに行われるようになった。特に，脱水素結合型のプラスチックを，添加剤や触媒を用いることなく加水分解し，原料であるモノマーを回収しようとするものである。このころから，溶媒にはメタノールも利用されるようになった。また，超臨界水でおこる化学反応に関し，超臨界酸化分解反応と同様に，多くの反応機構や速度論への注目が高まった。これは，グリーンケミストリーが推奨され，有機溶媒や触媒使用の低減，反応時間の短縮化など，環境調和型の化学プロセスの開発を目指す気運が高まったからである。

タンパク質系未利用物質の再資源化の研究もまた，高温高圧水の加水分解能力を生かして行われ始めた。これは，最終処分場の逼迫，焼却炉問題，堆肥の過剰生産，そして，海洋投棄禁止という社会的背景によるものが強かった。またこのころより，エネルギーの観点に加え，生成物の熱安定性を考慮し，より低い反応温度の利用が促進され始めた。タンパク質化合物を対象とした研究は現在でも盛んに行われ，未知領域への挑戦が続けられている分野となっている。触媒を積極的に用いる，反応時間の長期化がその例である。さらに，新たな用途開発も進められた。その結果，現在は，有機性循環資源の処理に加え，同時に水素を回収する研究など，これまた研究が継続されている。一方，過熱

水蒸気を焙煎のプロセスに用いた例，家庭用調理器に用いた例など，幅広い分野で高温高圧水の技術は実用的になりつつある。

研究においては，超臨界水および超臨界二酸化炭素とも，材料合成（おもにナノ粒子）の分野の研究が大いに注目され，今後のさらなる発展が期待されている。

6.2.1 超臨界流体とは

各分野で異なる「高温高圧水」という言葉であるが，同様なものとして，高圧熱水，加圧熱水などがある。また亜臨界領域（厳密にいえば，臨界点に近く，臨界点より低い領域であるが，この領域に関する定義はない）を含めて超臨界水と定義している研究者もいる。一方，外部から圧力を加えることなく，飽和水蒸気圧下においては，熱水（この反応の場合は水熱反応）という言葉が用いられる場合が多い。

物質は温度，圧力などの変化により気体・液体・固体の状態を移り変わることができる。これは分子間力と運動エネルギーのバランスで決定される。**図6.1**に水の状態図を示す。

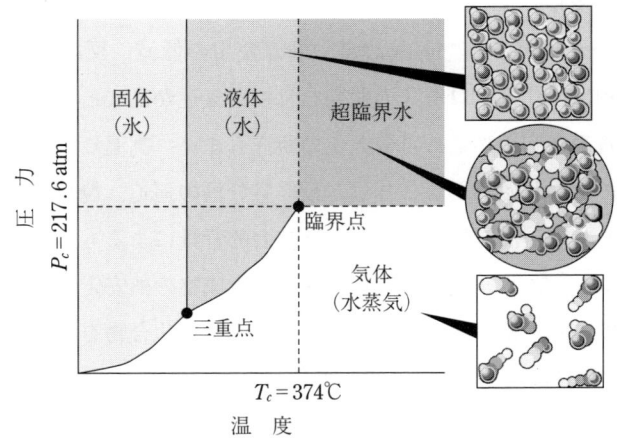

（参考）二酸化炭素：$T_c = 31℃$，$P_c = 72.8\,\text{atm}$

図6.1 水 の 状 態 図

6.2 高温高圧水の特徴

　三重点は気体・液体・固体の三相が共存する状態である。三重点の温度より低い温度では固体とその蒸気（気体）が平衡を保ち，その蒸気の圧力が昇華曲線で表される。この曲線より低い圧力では固体は昇華して気体となり，高い圧力では気体は凝固して固体になる。三重点より高い温度では，液体とその蒸気が平衡になり，このときの圧力が飽和蒸気圧で，蒸気圧曲線として表される。これよりも低い圧力であれば液体はすべて気化し，またこれよりも高い圧力であれば蒸気はすべて液化する。圧力を一定にして温度を変化させてもこの曲線を超えると液体が気体に，また気体が液体になる。この蒸気圧曲線には高温，高圧側に終点があり，これを臨界点という。

　臨界点以上では，物質は液体と気体との区別がつかなくなる状態となり，気液の境界面も消失する。それゆえ，この臨界点より高温の状態では，気液共存状態を生じることなく液体と気体の間を連続的に移り変わることができる。この領域ではいくら密度を増大させても凝縮が起こらなくなる。この状態にある流体を超臨界流体と呼ぶ。

　超臨界状態にある物質は，気体に近い状態から液体に近い状態まで圧力を変えることによって，密度を連続的に変化させることができる。特に臨界点近傍ではその変化が劇的におこる。物質の粘度，拡散係数や極性などの諸物性もそれとともに変化する。超臨界流体は，これらの物性を制御することにより液体のような溶解力をもちつつ，気体のような高拡散性の特性を有する。気体・液体・超臨界流体の物理的特性を**表 6.1** に示す。超臨界流体の各物性が，気体

表 6.1 超臨界流体の物理的特性[3)]

物　性	気　体	超臨界流体	液　体
密　度 〔kg/m^3〕	1	$100 \sim 1\,000$	$1\,000$
粘　度 〔$mPa \cdot s$〕	0.01	0.1	1
拡散係数 〔m^2/s〕	10^{-5}	$10^{-7} \sim 10^{-8}$	10^{-10}

表 6.2 代表的な物質の臨界点[27)]

超臨界流体	臨界温度 〔℃〕	臨界圧力 〔atm〕
水	374.4	226.8
二酸化炭素	31.3	72.9
アンモニア	132.3	111.3
エタン	32.4	48.3
プロパン	96.8	42.0
エタノール	243.4	63.0
メタノール	240.5	78.9

と液体の中間にあることがわかる。

つぎに,超臨界流体として代表的な物質の,臨界温度,臨界圧力を**表6.2**に示す。いかなる物質であっても温度と圧力を軸として,その状態図を描くことができ,その中に臨界点をもつ。

超臨界流体に関する詳細については,いくつかの成書[1]～[7]で解説されている。ここでは高温高圧水の特徴を明らかにするため,超臨界流体として最も広く使用されている超臨界二酸化炭素と比較し,相違点について簡単に述べる。**表6.3**に水と二酸化炭素の比較を簡単にまとめた。

表6.3 水と二酸化炭素の比較

流体	水		二酸化炭素
臨界温度	374.4℃		31.3℃
臨界圧力	226.8 atm		72.9 atm
誘電率（極性）	常温常圧	78程度（高極性）	（低極性）
	超臨界領域	10以下（低極性）	
イオン積	常温常圧	10^{-14}（pH 7）	解離せず
	250℃付近飽和蒸気圧	10^{-11}（pH 5.5）	
特徴	添加剤を要せずイオン反応（加水分解,脱水）やラジカル反応の場となる。		熱的に不安定な物質の抽出や分離に適し,広範囲の溶媒強度を有する。
共通点	安価,無毒,安定,大気に放出できる		

超臨界流体は,一般的に高い拡散性と低い粘性を有し,物質輸送性に優れていることが知られている。二酸化炭素は水と比べ臨界温度および圧力が低いため,分離用移動相や抽出溶媒として幅広い分野で研究に用いられてきた。また,コーヒーの脱カフェインや香辛料のエキス抽出などをはじめ,食品分野では多く実用化されている。これは超臨界二酸化炭素が無極性有機溶媒であるヘキサンと同等の溶解力をもちながら,気体のような拡散力と浸透性をもつことや,常圧下では気体となって目的物質から容易に分離するため,特別な操作を必要とすることなく溶媒の残留の危険性をなくすことができるためである。超臨界二酸化炭素の大きな特徴は,臨界点が低いことに加え,温度と圧力を制御

することにより，その溶解能力を自由に広い範囲で連続的に変えることができることである。

一方，水の場合は，同じ超臨界流体の状態であっても，溶媒としての特徴は二酸化炭素と大きく異なる。一般に水は高い極性を示すが，温度および圧力を操作することにより，この性質を大きく変化させることが可能であり，高温高圧水では常温常圧における水と異なる溶媒特性を示すようになる。常温常圧の水の誘電率が約80に対して，超臨界状態では約2〜10まで大幅に減少する[8]。すなわち超臨界水は油などの有機物を溶かすことができる低極性の溶媒となりうるのである。また，超臨界状態の水は，酸素と任意の割合で混合できる特徴をもつため，有機物を効率的に酸化分解できる反応場が形成される。ここでいう酸化とは，物質が酸素と化合するという意味である。この反応は，超臨界水酸化（supercritical water oxidation, SCWO）と呼ばれ，難分解性の有機物質および有害化学物質の分解・無害化の研究がこれまで多くなされてきている。

さらに，高温高圧水は，温度と圧力を制御することにより水のイオン積を大きく自由に変えることが可能である。このような高温高圧水の特異な物性が明らかになるにつれて，酸やアルカリなどの添加剤や触媒を用いることなく，高分子有機化合物に対して高温高圧水を加水分解の反応場とする研究が数多く試みられてきている。

上述してきたように，超臨界二酸化炭素と高温高圧水は，それぞれの物性や特徴が大きく異なり，その用途もまったく違うことから「超臨界流体」という言葉の使い方には注意が必要となる。

6.2.2 高温高圧水の物理的特性

高温高圧水は，温度，圧力により水素結合を含めた凝集力を大幅に制御できるため，高温状態においてイオン的な反応の付与などの溶媒効果によって反応経路の選択性と制御性をもっているという特徴がある。以下の①〜⑤に高温高圧水の特筆すべき性質をまとめ，つぎに高温高圧水の諸物性を紹介する。

① 反応溶媒としての効果が大きく，温度・圧力を変化させることで流体の諸物性を制御でき，液体に近い値から気体に匹敵する値まで連続的かつ大幅に変えることが可能である。
② 分子運動が激しく，水素結合などによる分子会合の程度も低いので，常温の水よりも拡散速度は速く，また，粘性は低い。このために浸透性に優れ，多孔性物質中での高い物質移動速度が期待できる。
③ 誘電率は極性溶媒から無極性溶媒に匹敵する2～30程度の値をもつため，常温常圧の水では溶解しないような有機物質を溶解することができる。
④ 水素イオン濃度は常温常圧の水と比較すると30倍の増加が見られ酸触媒の効果がある。
⑤ 常温常圧の水は中性であるが，250～350℃の高温高圧水ではハステロイや白金-イリジウム合金，金やタンタルのような金属ですら腐食するほどの超強酸性を示す。

イオン積（水素イオン濃度と水酸化物イオン濃度の積）は

$$K_w = [H^+][OH^-]$$

で定義される。高温高圧下ではこのイオン積の値が大幅に増大し，300℃付近にイオン積の極大値（$-\log K_w$の極小値）が存在する。常温常圧における値と比較して約30倍の増加が見られ，このことが高温高圧水に酸触媒の効果があることを示している。また図 **6.2** から300℃以下ではイオン積は圧力の影響をほとんど受けないことがわかる。しかし，300℃以上，特に400℃以上から圧力の影響を非常に大きく受ける。圧力を変えることによってイオン積を調整できるこの性質は，高温高圧水の特徴的な性質であるといえる。

図 **6.3** に25 MPa付近における水の温度と物性の関係を示す。この図から，臨界温度の前後で溶媒としての性質が大きく変化していることがわかる。温度を少し変えることによって溶媒の物性（密度，誘電率，気体の溶解度など）を調整できるこの性質は，高温高圧水の特徴的な性質である。常温での水の誘電率は約80と非常に高く，電解質などの無機物はよく溶けるが，有機物はほと

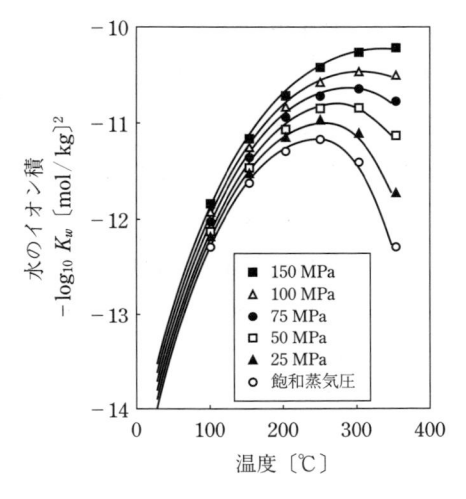

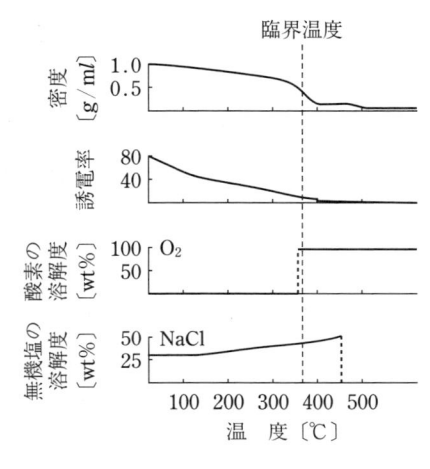

図 6.2 各温度および圧力における水の
イオン積[28]

図 6.3 25 MPa 付近における水の温
度と物性の関係[3]

んど溶解しない。しかしながら，誘電率は温度の上昇によって大きく減少し，臨界点近傍では 2 〜 30 とかなり低くなる。この値は無極性溶媒（ヘキサン 1.8，ベンゼン 2），弱極性溶媒（アセトン 20，メタノール 30）に匹敵するため，有機物に対する良好な溶媒となる。その結果，通常の水とは逆に，有機物はよく溶かすが無機物はほとんど溶かさないというの性質をもつ。

6.3　高温高圧水を用いた未利用物質の再資源化技術

筆者らは，高温高圧水特有の特徴を利用して，当初，おもに天然物起源の有機性循環資源を有価物に変換して分離精製し，これを階層的に有効利用することを目的に，再資源化技術の開発を行った。反応生成物や反応動力学の解析を行い，システムの最適化を図ると同時に，これら基礎的情報の整理（データベース化）および応用範囲や用途の拡大を目指してきた。また，タンパク質系未利用物質からのアミノ酸製造に関する研究で得られた知見に基づき，さまざまな未利用物質に対して，高温高圧水反応を応用してきた。ここでは，その代表的な応用例を概説する。

6.3.1 タンパク質系未利用物質からのアミノ酸生成

はじめに，水産加工未利用物質（魚腸骨）から，高温高圧水による特異的な反応によって有用成分であるアミノ酸を生成することを試みた。

回分式反応装置を用い，反応温度200～450℃の範囲では250℃で最もアミノ酸収率が高く，カツオの肉1g（乾燥）から250 mg程度のアミノ酸が生成した。200℃ではタンパク質の分解によるアミノ酸生成が遅く，300℃以上ではタンパク質の分解によって生成したアミノ酸がただちに脱アミノ反応や脱炭酸反応によって有機酸やアミン類を経て分解・無機化されるので，アミノ酸の生成・回収は期待できない結果となった。

アミノ酸生成の収率向上を目指すため，反応圧力・時間・水の量を変化させたが，特に効果はなかった。これは，さまざまなタンパク質に対しても同様であった。タンパク質の分解機構を，分子量の変化に基づいて調べたところ，アミノ酸の二量体であるジペプチドが生成されていることがわかった。そこで，ジペプチドおよびアミノ酸の分解挙動を解析した結果，直鎖ジペプチドは容易に環状ジペプチドとなり，アミノ酸は分子量が大きいものほど分解が早く，また，低分子のアミノ酸の生成あるいは別のアミノ酸の合成がされていることが明らかになった。

このように高温高圧水中でおこるタンパク質・ジペプチド・アミノ酸の分解挙動をはじめて系統的に明らかにすることができた。しかし，目的としたアミノ酸の生成率向上は果たせず，同時に適当な分離・精製技術が確立されなかったこと，さらに，多量の高濃度有機性廃棄水が発生することに加え，用途開拓ができなかったため，タンパク質系未利用物質の再資源化の実用化は困難であった[9)～11)]。

6.3.2 炭素繊維強化樹脂からの炭素繊維の回収

炭素繊維は強度，軽量性，耐熱性などに優れ，電磁遮蔽性を有している。このことから，炭素繊維に樹脂を浸透あるいは付着させて，成形・硬化した炭素繊維強化樹脂は，航空機，工業材料，スポーツ用品，ケーシング材など幅広く

利用されている.この炭素繊維強化樹脂は,炭素繊維が高強度で耐熱性を有するために,廃棄物として排出された際に,その処理が困難なものとなっている.炭素繊維は,その性能により3 000～5 000円/kgであり,ガラス繊維などと比較すると非常に高価である.これらの背景により,炭素繊維強化樹脂の再生処理技術の開発が強く求められている.

このような中で,エポキシ樹脂やビニルエステル系樹脂を使用した炭素繊維強化樹脂を高温高圧水により処理する実験を行った(**図6.4**).この結果,エポキシ系樹脂の場合には380℃付近で最も効率よく樹脂が分解できることが明らかになった(**図6.5**).しかし,高温高圧水反応のみでは樹脂の除去は完全

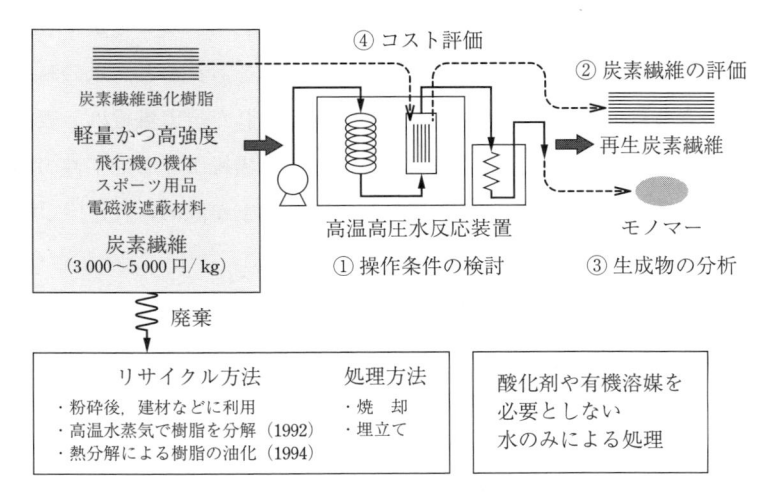

図6.4 炭素繊維強化樹脂の再資源化技術
— 再利用容易な炭素繊維と油分の回収 —

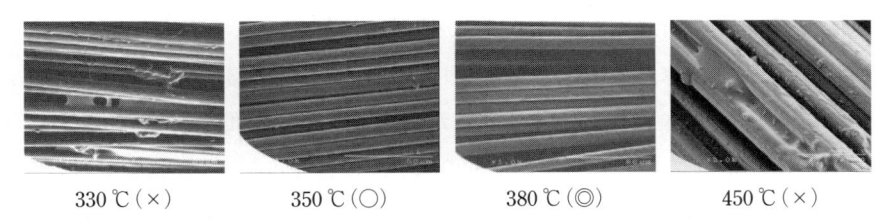

図6.5 水熱反応により炭素繊維強化樹脂から回収された炭素繊維の電子顕微鏡写真
(圧力 30 MPa,水の流量 5 ml/min,時間 30 min)

に行うことができず，回収した炭素繊維はさらに有機溶剤を用いた樹脂残渣の洗浄が必要であった。従来技術では，このような固形試料に対しておもに回分式反応装置が使用されていた。これに対し，筆者らは水が反応容器を連続的に流通する半連続式反応装置を用いて，水のみで完全に樹脂を除去した炭素繊維の回収を試みた。

半連続式反応装置を用いることにより，炭素繊維の強度を含む品質に悪影響を与えることなく，水のみで炭素繊維と樹脂を完全に分離することが可能となった。これによって，後段に続く別途分離プロセスあるいは回収炭素繊維の有機溶媒などでの洗浄の必要がなくなった。回収された炭素繊維は再生が容易な状態であり，樹脂もまた化学原料や燃料として再利用することができ，前述のように高価な炭素繊維の再生が困難であった状況を考えると，水のみを用いる本技術の意義は大きいものである。さらに回収された炭素繊維は，表面が高温高圧水の処理により改質され，原材料である炭素繊維よりも加工性の向上が期待でき，再資源化することによる原材料の質の向上が認められた[12)〜14)]。

6.3.3 鋳物成形廃砂の再生処理および改質

鋳物の製造工程から排出する廃砂には，砂を固定化させるために利用された樹脂（有機物）が，鋳物製造時の高温により炭化して砂表面に残留する。よってこのままでは廃砂を再利用できないことや，近年の廃砂処分費用や新砂価格の高騰によって，廃砂発生量の削減と砂の再利用の傾向が強くなってきている。そこで高温高圧水反応を利用して鋳物成形廃砂の残留有機物（炭素および窒素）を除去する新しい再生処理方法が検討された。

廃砂を高温高圧水処理することにより，表面付着有機炭素や窒素を除去できる上に，表面の酸性度が向上することが確認された。表面酸性度の向上により，砂を再利用した際には樹脂添加量の減少，接合性向上による鋳物品質の向上といった効果が期待できる。さらに本処理法による砂粒の破砕がほとんどおこっていなかったことから，砂の強度への影響はほぼないものと予想できる。これは古くから既知であった高温高圧水の特徴（有機物分解反応や砂のような

ケイ素化合物への反応性）を，製造プロセスから排出される廃棄物の処理に適用できたよい例であり，さらに再資源化により原材料の品質を向上させることができるよい実施例であるといえる[15]。

6.3.4 アルミニウムドロスの再資源化

アルミニウム製品を製造する際にアルミニウムドロスと呼ばれる残滓が，プロセス上ほぼ必ず発生する。これはアルミニウムの融解過程で，流動性を上げるための添加剤や地金に含まれていた不純物がアルミニウム湯浴表面に浮遊して空気中の窒素と反応したものである。製鋼メーカーでは融解金属の流動性向上のためにおもに蛍石（CaF_2）を利用している。近年，輸入価格の高騰に加え，フッ素が多量に含有されていることから，高炉の腐食や排ガス処理問題が生じ，その使用量を削減したい意向がある。そこでアルミニウムドロス残灰中の窒素および塩素化合物の除去と残灰の再資源化を目的に，高温高圧水反応を利用した処理方法が検討された。特にアルミニウムドロス中に不純物として高い割合で含まれており，悪臭の発生や水質悪化，再資源化を阻害している窒化アルミニウムの処理を検討した。

この結果から，問題となっている窒素や塩素成分の除去により無害化されたアルミニウムドロスは，その成分から製鋼メーカーなどで添加剤として用いられている蛍石の代用品にできる可能性を示すことができた。よって本技術は無

図 6.6 アルミニウムドロス再資源化装置

害化と再資源化利用効率の向上を同時に達成することができる技術であるといえる[16),17)]（**図6.6**）。

6.3.5 余剰汚泥可溶化技術を用いた排水処理プロセスの改善とリン資源回収の促進

全国各地に多数ある排水処理場から大量の余剰汚泥が発生している。この余剰汚泥は，埋立て処分もしくは焼却処分されるのが主流である。しかし，その処分費は年々高騰し，処理事業者にとって大きな課題となっている。

このような背景のもと，生物処理槽内の微生物が利用し難い余剰汚泥を可溶化し，基質として再び生物反応槽に戻すプロセスの提案が行われている。可溶化の方法として高温高圧水反応を応用した場合，汚泥の中の水を反応溶媒としており，反応が短時間であるといった特徴を有する。

可溶化技術には，単に汚泥を可溶化するだけでなく，微生物が分解しやすい物質に分解するための条件を設定することが求められる。そのため，第1に可溶化物の生物分解性を検討する必要がある。高温高圧水反応により得られた汚泥可溶化処理液の全化学的酸素要求量（COD_{Cr}）を易分解性有機物，遅分解性有機物，難分解性有機物に分類した結果，可溶化処理により易分解性および遅分解性有機物濃度が処理前より増加していることがわかった。

高温高圧水反応による汚泥可溶化の応用例として，可溶化処理液から枯渇性資源であるリンをリン酸マグネシウムアンモニウム（MAP）として回収する方法が提案されている。リン除去を安定的に行うためには，生物処理槽において，汚泥中の微生物にリンを安定的に蓄積させる必要がある。このためには，酢酸などの低級脂肪酸が，微生物の炭素源として主要な役割を果たすことが知られている。しかし，通常の排水中には，これら低級脂肪酸はあまり含まれておらず，リン除去のためにはこれを補う必要がある。

筆者らは，高温高圧水反応により可溶化した処理液が，この炭素源として有効であることを明らかにしている[18)]。**図6.7**に水熱反応による汚泥の可溶化とリン回収プロセスを導入した次世代型排水処理プロセスを示す。このよう

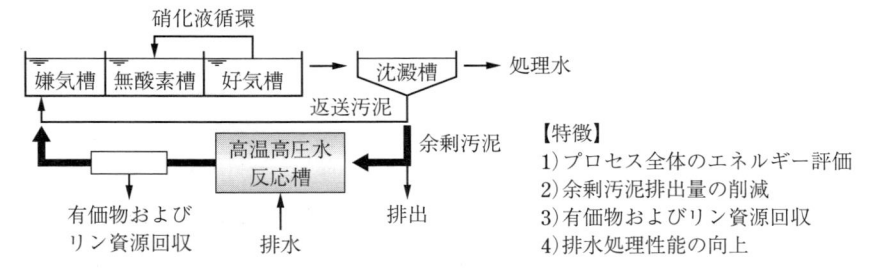

6.3 高温高圧水を用いた未利用物質の再資源化技術   149

図6.7 次世代型排水処理プロセス（リン資源回収工場）の概念図

に，多くの利点を有するプロセスが考えられるが，反応条件や取り扱う汚泥の性状により，溶存性かつ難分解性の有機物を多く生成してしまう場合があることも確認されている。これらの有機物は，生物分解されずに処理場外に流出し，環境中に蓄積する可能性が高い。このことからも，本法の導入前には，ここで行われたような処理液の生物分解性試験を行う必要があるといえる。もちろん，このような総合的に物質収支を見ることに加え，エネルギー収支，トータルコストを検討することも肝要となる。

この応用においては，汚泥可溶化の際，処理液の新しい評価方法を提案した。また，このようなプロセスの問題点も同時に指摘した。本法では，既存の汚泥処理技術に加え，リン除去のための炭素源の提供が行えるなどの付加価値をつけたのである[19),20)]。

6.3.6 ポリ乳酸の再資源化促進技術の開発

バイオマス由来のプラスチックであるポリ乳酸は，大きな炭素循環システムを形成しているとみなすことができる。その一方で，原料をバイオマスに依存していることから，気候の変動に左右されやすく，また，急増している世界人口に応じて必要となる食料が増加することや，近年増産傾向にあるバイオエタノールとの原料の競合を考慮すると，原料の安定的な確保が今後ますます困難になることも考えられる。さらに，ポリ乳酸の製造には，ほかのプラスチック素材より多くの製造エネルギーを必要としていることも課題として挙げられる。これらの課題解決のために，再生可能資源を用いたバイオマスプラスチッ

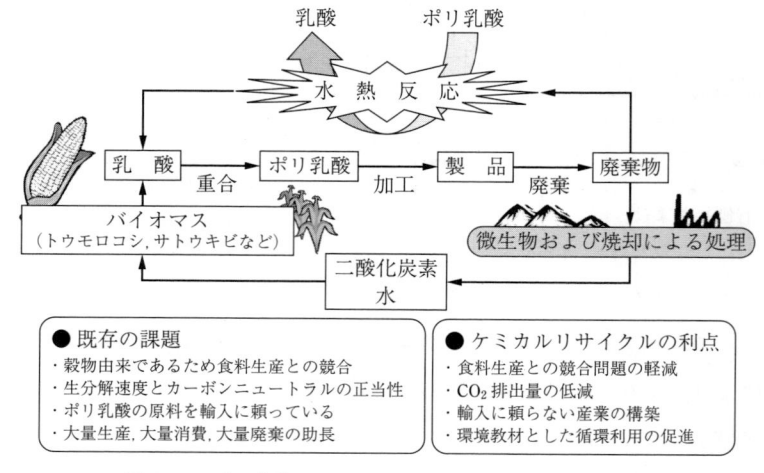

150   6. リサイクル技術から見た生態恒常性工学

図6.8 ポリ乳酸のケミカルリサイクル促進技術の開発

クであるポリ乳酸も再資源化が検討されている[21]〜[24]（**図6.8**）。

各高温高圧水反応温度における反応時間と乳酸生成率の関係を見た場合，220℃，25分以上の条件において，98％が乳酸にモノマー化されている。それ以上の温度条件では，生成した乳酸が無機化することやラセミ化（光学異性体の生成）される傾向が見られ，乳酸モノマー原料としては好ましくないことが明らかとなっている。220℃以下では，このようなラセミ化もほとんど見られず，ポリ乳酸の原料として再利用可能な乳酸が得られていることが明らかとなっている。

本法では水しか用いていないことから，得られた乳酸の回収には，発酵分野ですでに実用化されている分離・精製技術をそのまま利用することができる。また，このモノマー化に必要なエネルギーは，新規に製造する場合に比べ少ないことも確認されている。本法の導入により従来と同等の品質のポリ乳酸を，少ないバイオマス資源と化石資源由来のエネルギーで製造するシステムの確立が可能となる。本技術においては，高温高圧水中における加水分解とラセミ化反応をはじめて議論した。また，バイオマスプラスチックであるポリ乳酸の再資源化の必要性をいち早く社会へ提言した。さらに，ポリ乳酸は，生物分解

性，食物由来に加え，再資源化が容易であることを示した。これにより，ポリ乳酸が循環利用促進技術として，よい環境教材の一つであることも位置づけられた[25]。

6.3.7 有機性循環資源からの高品位液体飼料の製造

近年，穀物のバイオエタノール化などの多角的な利用により，その価格が高騰している。このため飼料の大半を輸入に依存している日本は，飼料原料の輸入依存性を下げる必要があり，国内で新たな原料の開拓が求められている。一方，食品リサイクル法の施行により，食品系未利用物質のさらなる有効利用が求められている。以上の背景から，幅広く多岐にわたる食品系未利用物質を飼料原料として利用が可能となる液体飼料化技術が注目されている（**図6.9**）。

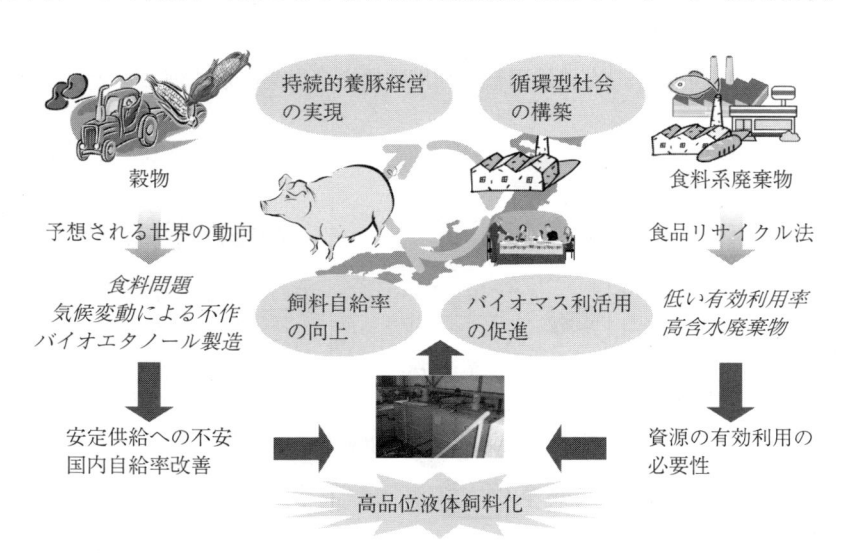

図6.9 水熱反応により製造された液体飼料が社会に与える効果

最近，アミノ酸やペプチドは生理機能が明らかにされつつあり，その効能の高さから注目されている。このアミノ酸やペプチドは，タンパク質の加水分解により得ることができる。多くの食品系未利用物質はタンパク質を豊富に含むことから，ここからアミノ酸やペプチドなどの高付加価値のある物質を得るこ

とができる。高温高圧水反応を用いると反応時間が短く，処理対象物が高含水物であることや，難可溶化物質であることを問題とせず，水のみで良好な加水分解反応場を形成する。そして安全な生成物が得られるため，生成物を飼料原料とすることができる。

30分間高温高圧水処理した試料中のタンパク質（ペプチド）および遊離アミノ酸，有機酸含有量を調べると，遊離アミノ酸の生成は処理前の試料に含まれるタンパク質の10～25％程度であった。これは，タンパク質の加水分解反応がジペプチドレベルで止まってしまうため，遊離アミノ酸量が十分に得られなかったと推測されている。そのほかにさまざまな実験条件についても検討したが，回分式反応装置を用いて高温高圧水を反応溶媒とした場合，期待する十分な量の遊離アミノ酸が得られることはない。しかし一方で，この反応条件において，さまざまな固形物を可溶化することができることを示した。

これらの結果より，有機性固形未利用物質を高温高圧水処理し可溶化したも

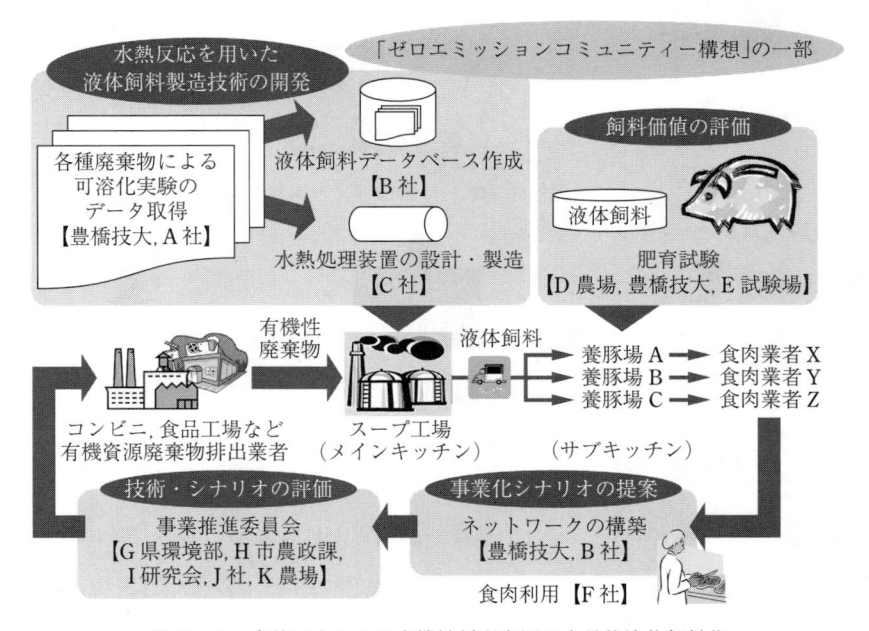

図6.10 水熱反応による有機性循環資源の高品位液体飼料化

のを家畜の飼料として利用できることがわかった。液体飼料は，乾燥飼料由来の粉塵や家畜糞尿量の減少などによる畜舎の衛生状態の向上，および家畜の増体速度の向上，飼料の嗜好性の向上など，多くの利点があるといわれている。家畜の成育にとってアミノ酸は必須な物質である。しかし，必ずしも遊離アミノ酸レベルにまで低分子化されている必要はなく，ジペプチドレベルでの給飼で家畜へのアミノ酸成分の吸収を促進することができる。また，この場合，特殊な分離・精製装置を必要とすることなく高温高圧水反応が利用できる。この飼料により豚を肥育すれば，さらなる高付加価値製品へと変換される可能性がある。つまり，利用価値の低い有機性固形未利用物質を，社会のニーズに応じた製品にまで再資源化できるシステムの構築が期待できる（**図6.10**）。

これにより総合的なエネルギー収支，糞尿排出量の低減が実現でき，地域の活性化，新産業の創出，国内自給率の改善などさまざまな効果が生まれる[26]。

6.4 ま と め

6.4.1 高温高圧水を用いた応用技術への提言

高温高圧水反応は上述してきたように注目され，多様な研究開発が進められてきている。しかし，残念ながらこの技術を利用した実用化例はまだ少ないといえる。水の高温高圧状態を作りだす，あるいは常温常圧に戻すエネルギー消費の大きさ，反応生成物中にある目的物を分離・精製する困難さと反応後の廃液の処理，反応装置の強度と耐久性，反応装置への固形物の出し入れの困難さなどの問題の解決が求められる。

まずコストへの懸念がある。高温高圧水反応以外では処理が困難な場合を除いて，既存の処理法との競合は避けられない。高温高圧の条件を維持するためのエネルギー消費に加えて，長期間にわたって安全に運転が可能な装置を製作するための材料選択や可動部分の設計，さらには高温高圧であるがゆえに避けられない安全性の確保なども，装置の製作や運転のコストを押し上げる要因である。それに加えて高温高圧水反応による生成物が多成分で構成される場合

は，生成物から目的とする有用物質を分離・精製することも考慮されなければならない。

ここで取り上げた高温高圧水による反応の多くは，温度250℃以上，圧力100 atm以上の領域になるため，これらを上回る条件を提供できるエネルギー源を有するプロセスを周囲に見いだすことができれば，そのプロセスとの連携によってエネルギーコストの大幅な削減が可能となる。これには，火力発電所，発電施設やボイラを設置している事業場，廃棄物焼却施設などが候補になる。既存プロセスのエネルギー収支を解析するとともに，その時間的な変化を把握することにより，余剰エネルギーを抱えるプロセスと高温高圧水反応プロセスとの複合の可能性が明らかになる。

上述のようにしてエネルギーコストを削減したとしても，高温高圧水反応を導入したプロセスの設備および運転のためのコストを押し上げる大きな要因として，まだ装置材料や構造がある。高温高圧水反応を利用したプロセスでは，高い反応性や腐食性をもつ高温高圧水につねに反応装置は接しており，反応装置本体ばかりでなくその周辺の可動部分などについても，耐熱性，耐圧性，耐食性などの条件が克服されなければならない。イオン積が大きくなる$250 \sim 300$℃付近では耐食性が重要な要素であり，反応生成物中への金属の溶出にも注意を要する。反応装置内壁から溶出した金属が高温高圧水反応を触媒として促進することも考えられている。反応溶媒中に高濃度の酸や塩類が含まれる場合には，さらに耐食性が要求される。

そのような条件では，耐食性に優れる金属としてハステロイC276やインコネル625など高価な合金が用いられている。反応温度が250℃付近では，ステンレス鋼（SUS 316）が多く用いられている。このように，温度，圧力，酸や塩類など多様な反応条件によって反応の材質や強度が要求されることになる。したがって，目的とする反応をできるだけ穏和な条件で進行させるための検討も重要な課題となる。また，できるだけ速い速度で反応を進行させることができれば，装置の小型化により製作費の低減に寄与することができる。

高温高圧水を利用した反応では，反応生成物として多種多様な成分が含まれ

6.4 まとめ

ている。多様な物質の混合物である未利用物質の処理に，高温高圧水反応を再資源化技術として導入すると，その生成物にはさらに多様な成分が含まれる可能性が高い。この反応生成物から，目的とする有価物を分離・精製するために要する設備機器やその運転に要するコストやエネルギーについても十分に考慮しておかなければならない。ここで目的成分以外の副生成物あるいは未反応の原料（未利用物質）の最終的な処理も忘れてはならない。魚腸骨からのアミノ酸生成を例にとると，原料である魚腸骨のうちアミノ酸に転換される割合は，通常の回分式反応装置を用いた高温高圧水のみによる反応では 10～25％程度にすぎず，ほかの部分は高濃度有機物を含む排水ということになる。ここに挙げたアミノ酸も多成分から構成されており，使用目的に応じた分離・精製が必要となる。

　高温高圧水反応後の分離・精製が容易でないことは明らかである。これは目的物質が水媒体中の水溶性成分であり，通常，その含有濃度が低く不純物も多いからである。まずは，このような煩雑となる後段の分離・精製を考慮した上で，高温高圧水の適用を考える必要があることはいうまでもない。この課題を回避するためには，すでに，工業的に分離技術が適用できているもの，あるいは，分離・精製を必要としない，すなわち，水溶液自体が製品あるいは原料となるものを取り扱うことが肝要となる。本章では，ポリ乳酸のモノマー化が前者に，汚泥の可溶化や豚の液体飼料が後者にあたる。炭素繊維強化樹脂からの炭素繊維の回収，鋳物廃砂やアルミニウムドロスの処理においては，目的物質が固形物であるため，分離・精製は大きな問題とはならない。

　排水中の有機物については，反応条件を選択することによりさらなる分解・無機化処理，もしくはガス化による水素などへの転換が期待される。前者はほかの排水処理装置で処理した場合との比較が必要であり，後者は反応のために供給されたエネルギーとの厳密な対比・評価が必要である。すなわち，後者では生成した水素などのエネルギーを上回るエネルギーが，そのプロセスで消費されていないことが前提条件となる。例えば発電所で捨てられている過剰な水蒸気や廃油などを用いるボイラを利用して，質の高いエネルギーを生産するこ

とができれば，新たな展開も期待される。

　高温高圧水反応による未利用物質の資源化を実現するための技術的課題としては，高温高圧反応容器への固形物の供給と引抜きが挙げられる。374℃，221 atm を超える超臨界状態の反応装置に固形未利用物質を連続的に供給し，固液系の生成物を連続的に引き抜く技術は，実用的にはまだ開発された状態とはいい難く，反応装置内の温度・圧力などの条件を維持しながら固形物をハンドリングする技術の確立が強く望まれている。固液がスラリー状態になっている原料の供給，排出においてでさえ，ポンプ内や配管内での固形物の沈降や閉塞が問題となっている。回分方式の反応装置では固形物のハンドリングは短時間で行うことができるものの，反応容器を開放しなければならないため，エネルギーの大きな損失に加え，反応中間体の生成や，生成物の分解をいかに抑制するかが大きな課題となる。温度・圧力の上昇や下降にも時間を要する可能性があり，大量の未利用物質を扱う反応装置としては回分方式の反応装置は不向きである。

　筆者らは，温度と圧力を一定に保った半連続式反応容器に，カプセルに入った固形試料を四つのバルブ操作により断続的に供給および引き抜く実験を行った。反応容器の前後には圧力調整室を設け（宇宙船や潜水艦の出入り口に設けられているようなもの），これにより圧力を変動させることなしに，固形物の供給と引抜きが可能となる。ここでは，圧力調整室の温度を制御する必要があること，さらには，反応容器に接するバルブの温度を制御することが肝要となる。

　固形物を取り扱う装置上の問題点は，上述のように解決できたと考えられるが，装置にかかる費用は高くなる。特に，耐熱性を伴った内径の大きなバルブの価格は高額である。しかも，サイズが大きくなればバルブの価格も増大するため，費用的にはラボスケールでの実験が研究レベルでは精いっぱいである。このような場合は，スケールアップをかなりの割合で行い，実証レベルでの検討を行わなければならない。炭素繊維強化樹脂からの炭素繊維の回収は，コストの試算をした際，実証試験としては許容範囲に入るのであるが，試験費用お

よび炭素繊維回収方法や回収された炭素繊維の用途を考慮すると，炭素繊維メーカーの数社が連携をしなければならない程度になる。炭素繊維強化樹脂に対する社会の課題はあるものの，現時点では，炭素繊維メーカーの連携は容易ではない社会的背景がある。

　高温高圧水反応では，温度・圧力によって反応性が大きく異なるので，反応装置に供給する原料と水の量の割合も反応を左右する大きな因子になる。前述したように目的成分以外は排水として処理しなければならないような場合には，大量に水を供給すればそれだけ排水量を増大させることになる。さらに，必要となるエネルギーの量に加えて装置サイズにも影響を与えるため，原料と水の量の割合は，反応への影響を検討しつつ十分に考慮しなければならない。

6.4.2　今後の展望

　高温高圧水反応を利用した未利用物質の質的転換による再資源化の可能性について示してきた。このような高温高圧水処理による未利用物質の再資源化技術を生産プロセスや地域に導入するためには，この技術の特徴，すなわち反応機構や速度，反応に対する影響因子の解明に加えて，生成物質の用途開拓などがさらに必要となる。また反応容器からの金属の溶解の可能性とその程度，反応や生成物に対する影響などについての検討も必要となる。

　この方式を再資源化技術として地域の物質循環に組み入れるためには，地域内での再資源化対象物の物質フローを解析し，何がこの原理による処理の対象となるのか，また何がサーマルリサイクルの対象になり，それを利用する複合的なプロセスをどのように組むことができるのかを明らかにする必要がある。本技術は，おおよその目安として，200℃を超える場合，それなりの価値を生むプロセスを開発させなければ，さまざまな点において単独ではなかなか事業的に成立しないことも心得ておくべきである。

　加えて，化石燃料由来の炭酸ガス排出量の低減およびバイオマスの有効利用促進，最終処分場の逼迫，未利用物質を出さない風潮，地域の活性化，雇用の促進，新産業の創出を目指して，社会の情勢が急激に変化してきている。この

変化は，ますます大きくなることが考えられる。よって，これまで実用化が断念された技術開発が再開される可能性が大いにある。そのとき，これまでに得られてきた知見が生きてくるものと期待できる。

6.5 お わ り に

　持続可能な未来社会を実現するためには，排出された未利用物質，排気ガス，排水を処理あるいは再資源化するといった対処法では，目前にある問題の本質的解決にはならないばかりか，持続可能な未来社会の実現にも結びつかない。すなわち，資源の循環（再資源化）ありきではいけない。資源・エネルギーの有効利用を最優先に，未利用物質をできるだけ排出しない製品と，その生産システム，社会システムそして特にライフスタイルを実現することが持続可能な社会を実現する本質であることはいうまでもない。しかし，最終的にどうしても排出される未利用物質については，有限な資源の有効活用の観点に加えて，逼迫する最終処分場への負荷を少しでも軽減する目的から，付加的な資源・エネルギー消費と二次的環境負荷を極力避けながら有価物として再資源化する必要がある。ダウングレードを伴うカスケード利用のリサイクルでは不良品を下流側に蓄積する可能性があるため，アップグレードあるいは同じ製品への水平リサイクルを優先して目指し，再資源化を促進すべきである。

　アップグレードあるいはもとの製品への水平リサイクルまた，少なくとも既存のリサイクル技術に付加的な価値を見いだすことを目指す要素技術として高温高圧水を用いた再資源化技術が検討された。これは，再資源化技術に基づく循環型社会システムではなく，また，ただ単なる持続可能社会でもなく，恒常的な社会システムの構築を目指した概念に基づくものである。

7

先端技術から見た生態恒常性工学

7.1 序論

　環境に対する負荷をできるだけ低減させつつ持続的な発展を図るためには，科学技術の発展と社会制度の整備が不可欠であり，それら二つはたがいに影響し合っている。例えば，大気汚染が厳しい排気ガス規制という社会制度を構築し，それが低公害車の開発へとつながっていることなどが挙げられる。

　現在では，日本を含む先進諸国では「環境に配慮しない」ことは社会から受け入れられないことを意味しており，「環境に配慮する」社会の制度は今後も強化されていくものと考えられる。

　一方で，われわれを取り巻く環境は，確かに改善された部分もあるが，依然としてさまざまな汚染問題を抱えている。これら負の遺産と呼ばれるものから現在も新たに発生している汚染を含め，われわれはそれらの現状を見据え解決してゆく必要がある。

　本章では，環境改善に関する最先端の技術について，第一線で活躍している研究者自らが紹介する。ここで紹介した技術には，実用化レベルから基礎研究に近いものまでが含まれているが，読者には，これらの技術のみならず，それらの基盤となっている科学的知見にもぜひ興味をもってもらえればと願う。各節とも独立した内容のため，興味のある部分から読み進めても結構である。

7.2 生物に普遍的な酵素リボヌクレアーゼPにおける環境と進化の研究

7.2.1 酵素リボヌクレアーゼPとは

　生物が生命活動を維持してゆくという行為は，実際には細胞内において数えきれない数の機能分子がそれぞれにその機能を発揮しているということによって支えられている．これらの機能分子は一般に酵素と呼ばれる．酵素はほとんどの場合においてタンパク質というアミノ酸がつながった分子であり，使われるアミノ酸の並び方と長さによって異なる機能を発揮する．タンパク質におけるアミノ酸の並び順は遺伝子における塩基配列の並びによって決められ，塩基とアミノ酸との対応は生体内において厳密に管理されている．

　現在の生物における機能分子はタンパク質であるにもかかわらず，例えばタンパク質を合成する装置や遺伝暗号といった基本をつかさどるのはRNAという分子である．RNAはメッセンジャーRNAという遺伝情報の使い捨てのコピーとしてだけでなく，機能をもった酵素としての側面もあることが最近知られるようになってきた．このようなRNA酵素の代表として知られるのはタンパク質の合成装置であるリボゾームと遺伝暗号の橋渡し物質であるトランスファーRNAを合成する酵素のリボヌクレアーゼPである．これらの酵素は現役で活躍するRNA酵素の代表であり，またすべての生物において欠くことのできないものである．真正細菌の一種で代表的な大腸菌のリボヌクレアーゼPのRNAサブユニットの二次構造を図7.1に示す．多くステムループ構造を含み複雑な構造をしているが，基本構造は種や界を越えた共通の構造を有している．

　リボヌクレアーゼP研究における課題は，①RNA酵素がどのようにして酵素として機能しているのか，②この酵素はどのようにして基質を認識しているのか，③この酵素はどのような進化をしたのか，の三つである．

　①の課題はRNAという分子はどのような仕組みによって酵素になりうるのかという原理の解明である．これまでに人工的なRNA酵素を作る試みは種々

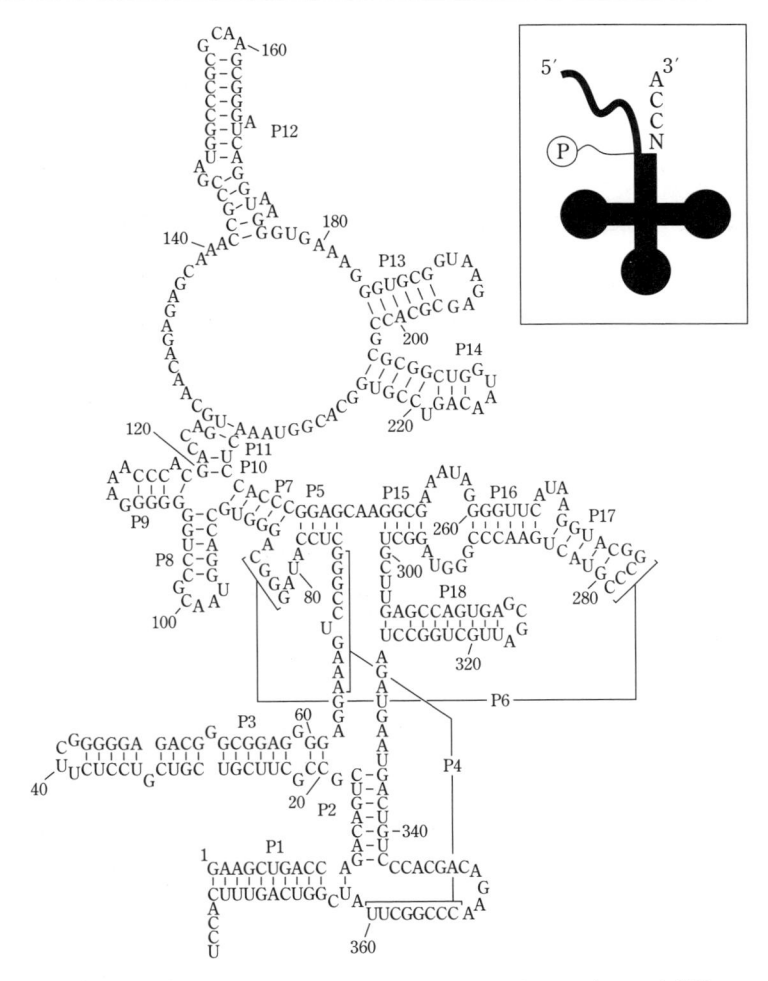

7.2 生物に普遍的な酵素リボヌクレアーゼ P における環境と進化の研究   *161*

図 7.1 大腸菌リボヌクレアーゼ P の RNA サブユニットの二次構造
（大腸菌酵素の場合）

なされてきているが，リボヌクレアーゼ P とは違う反応機能であることが判明している。

②の課題は酵素の基質認識の解明である．酵素がどのようにその標的である基質を認識しているのかを知ることで，その酵素の反応を人為的に制御したり新しい酵素を設計したりすることが可能になる．これまでの研究からこの酵

素はかなり柔軟な構造をとっており，基質結合や触媒時において動的な構造変化をしていることがわかりつつある．この酵素は核酸酵素でありながら基質の核酸を認識する際において核酸-核酸間の塩基対形成にあまり依存していないという特徴を有する．人工的に設計された核酸酵素のほとんどが核酸間相互作用に立脚していることに比べると，この酵素の基質認識の機構はよりタンパク質酵素の機能に近い．またこの酵素における基質認識はいわゆる鍵と鍵穴説には適合せずに，基質の形状や反応溶液中の金属イオンの存在などに応じて条件的に変化することがわかってきている．生体分子における酵素は，ある特定の理念のもとに合理的に設計された機械とは異なり，試行と失敗の繰返しの中で妥協的に選択された機能分子であると考えるとその挙動の謎を紐解くことができる．

③の課題は生物の進化の分子レベルからの解明である．現在の分子生物学における考えでは，いまの細胞性の生物誕生以前には触媒能力と情報とをあわせもった分子が存在し，それらの情報複製能力と触媒能力とが現在の生体分子へと受け継がれてきたと考えられている．タンパク質自身にはタンパク質合成能力が欠けていて，かつ，タンパク質は遺伝情報物質ではないが，一方でRNAが遺伝情報物質でありながら触媒能力も発揮しうることから考え併せると，前生物時代の情報・機能物質はおそらくRNAであったとする説が広く受け入れられている．この説に基づくと，タンパク質生合成系周辺に存在するリボゾームやリボヌクレアーゼPはいわば生きた化石であり，機能分子誕生から生命誕生へとつながる秘密を解き明かすための鍵として注目されている．こうした分子レベルでの進化から生命が始まったとする考えの背景には，生命現象維持のための機構が生物種を越えて共通であることや，さらに各機能に対応する酵素の設計図である遺伝子の塩基配列の共通性・類似性がある．

7.2.2 リボヌクレアーゼPの研究は何に役立つのか

第三者にとって大事なことは，その研究が何に役立つのかということではないだろうか．生命現象の根幹を明らかにすることは生命がかかわるすべての現

象においてその因果関係を理解し把握することにつながる。それは病気の治療に役立つであろうし，またわれわれヒトという種が今後どのように生きるべきかを動機づけるかもしれない。分子生物学の知識はわれわれヒトという種はけっして特別な生き物ではなく，その辺の草々と同じように進化と淘汰の流れの中にあることを語り続けている。われわれの研究の対象であるリボヌクレアーゼPという酵素はその語り手であり，われわれ研究者はそれをヒトの言葉へと翻訳する通訳である。

RNAサブユニットは377塩基からなる。Pnはヘリックス構造を表す。図上側は基質認識に関与し種による多様性があるが，図下側の触媒に関与する領域の構造は種を越えて高く保存されている。図中の数字は塩基番号を，塩基間の棒は水素結合を表す。図の右上枠内に基質であるトランスファーRNA前駆体とその触媒反応の模式図を示した。

7.3 微生物機能を活用した汚染環境修復技術 ── 微生物生態系の解明と活用に向けて

7.3.1 環境汚染の現状

1950～70年代，先進諸国において環境汚染が大きな社会問題となった。残念ながら日本も，水俣病，新潟水俣病，イタイイタイ病そして四日市ゼンソク（四大公害と呼ばれる）に代表されるような公害が全国レベルで発生し，多くの犠牲者を出した。と同時に，環境の保全および浄化に対し高い関心が払われるようになり，それは法的な整備と保全・浄化技術の研究開発，そして現場への適用へと進展し続けている。

現在の汚染の特徴は以下の3点である。すなわち，① 有害な難分解性物質による，② 低濃度かつ広範囲に及ぶ，③ 地下水や土壌などの表面下での汚染，である。

このように環境汚染の実態がより正確に把握されるようになったのは，検出技術の向上や，新規化学物質の増加などによって，安全基準が厳密化されたこ

とによる。また，窒素負荷による富栄養化問題に代表される「汚染問題」は，一部で改善されてはいるものの，依然として未解決の状況にある（7.6節参照）。

現在，地下水や土壌汚染の主要な汚染物質として塩素系有機化合物が挙げられる。具体的には，テトラクロロエテンやトリクロロエテンである。また，石油による汚染も深刻である。これは，原油を輸送するタンカーの事故のみならず，ガソリンスタンドなどの地下タンクからの漏れに由来している場合がある。また，重金属であるカドミウムによる土壌汚染もまだ大きな問題である。

7.3.2 微生物を利用した環境浄化技術

汚染環境を修復するために，これまで物理的あるいは化学的処理が主として施されてきた。しかし，汚染範囲が数十mから数km四方というきわめて広範囲に及ぶ場合や地下深い場合，特にコスト面において，物理的・化学的処理では対応が難しい。さらに，環境基準値の達成が困難な場合も生じる。一方で，これまで生物による分解が無理だと考えられていた各種化学物質が微生物によって分解されることが明らかになり，微生物を利用した汚染環境の修復（bioremediation：バイオレメディエーション，バイレメと称される）に関する研究が1980年代ころから展開した。

バイレメは，他と比較し新しい研究分野である一方で，汚染現場への適用も同時に進められており，基礎と応用とが一体となっているのが特徴の一つである。例えば，石油やトリクロロエテンなどによる汚染土壌や地下水の修復には，バイレメがすでに一般的な浄化技術の一つとして実施されており，例えばトリクロロエテンの地下水中の環境基準値30 ppb以下を達成している。

7.3.3 バイレメ技術の長所と短所

バイレメには大きく分けて三つの方法があり，現場の状況に応じて用いる方法は異なる（**表7.1**）。バイオオーグメンテーション（bioaugmentation）はきわめて効果の高い方法といえる。一方で，現場に生息しない微生物を利用するため，地域住民の理解を得ることが求められる。また実際に利用するために

表7.1 微生物の機能を利用した環境浄化技術の比較

方法の名称	浄化効果	コスト	浄化内容
バイオオーグメンテーション	確実性大，短期間	高	分解能力のある微生物を現場に投入し，汚染環境の修復を図る。
バイオスティミュレーション	確実性大～小，短～中期間	標準	土着の分解微生物を活性化させることで，汚染環境の修復を図る。
ナチュラルアテニュエーション	確実性大～小，長期間	低	人の手を加えず，自然の浄化力のみで行う。

は，人，家畜および作物などへの病原性や変異原性がないことを試験する必要があり，バイオオーグメンテーションを実施するには高いハードルがある。

ナチュラルアテニュエーション（monitored natural attenuation）は，まさしく自然の力をそのまま利用するので，コストや二次的汚染を心配する必要がない。その一方で，浄化期間が数年から十数年を念頭に実施されているため，早急な浄化を必要とする場合には不向きである。

バイオスティミュレーション（biostimulation）は最も多く用いられている方法である。多くの汚染現場には土着の分解細菌が生息しており，栄養塩や分解能力を誘導する基質などを添加することによって浄化を促している。しかし，分解菌以外の微生物が増殖してしまい，十分な浄化能力を発揮できない場合も生じうる。

7.3.4 バイレメのさらなる向上に向けて

実際のバイレメは，微生物学，生態学，水文学，土木学などの複数の学問分野で成立している。これらの分野で最も未開拓な分野の一つとして微生物学および微生物生態学が挙げられる。それは，自然環境下に生息している微生物群が膨大な数と種類とで構成されていることに起因している。

効果的なバイレメ（特にバイオスティミュレーション）を実施するためには，多様な微生物が生息している中から，目的の分解微生物のみを，しかも特定の機能のみを発揮させることが重要となってくる。この微生物の選択的活性化を図るためには，標的とする微生物の特性をさまざまな角度から解析することが必要となる。特に，その分解遺伝子情報や速度論的な分解特性の評価は，

汚染現場の潜在的浄化能力の評価や浄化がうまく進行しているかどうかを判断する上で重要である。

一般的に酸素存在下で生育可能な好気性細菌による分解は早く（**図 7.2**），酸素のない嫌気条件下で生息する嫌気性細菌の分解は遅い。しかし，嫌気性細菌の中には，好気性細菌では分解できない物質までも分解できる細菌が存在する。このような嫌気性細菌は，共生的関係において効果的な浄化能力を発揮する場合が知られているため，分解能力をもっていない微生物についても知見を得ることが必要である。

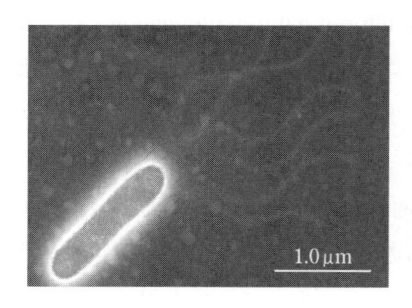

図 7.2 難分解性有害汚染物質のトリクロロエテンを好気的に分解する微生物 *Variovorax* 属細菌

今後，基礎的学術的な部分と実際の浄化という実学の部分とがうまく融合し，バイレメ技術のさらなる向上が期待されている。

7.4　DNA傷害防御機構の解明と環境評価への応用

7.4.1　は じ め に

細胞は生物を形作る基本単位である。細胞には生物種に固有の遺伝情報をもったゲノムが存在する。ゲノムの実体はデオキシリボ核酸（DNA）と呼ばれる高分子であり，ヒトの場合，1個の細胞に存在するDNAの総延長は2 mにもなる。DNAはアデニン，チミン，シトシン，グアニンの4種類の塩基の配列として，遺伝子の情報（遺伝情報）をコードしている。遺伝子から読みだされた塩基配列情報は最終的にタンパク質に変換される。情報媒体であるDNAは複製され，子孫へと遺伝情報が伝えられる。

7.4 DNA傷害防御機構の解明と環境評価への応用

DNAは物理化学的に不安定な物質であり，紫外線や化学物質などの外的要因，あるいは細胞活動で生じる活性酸素などの内的要因によって容易に傷害を受ける．DNAの傷害は，遺伝情報の破壊や突然変異を介して，細胞死，遺伝病や発癌リスクの上昇などを招くため，DNA傷害性物質に対するリスク管理は，廃棄物処理やリサイクルにおける重要な課題である．

安全で健康な持続型未来社会の実現に向けた二つの研究，① 未解明なDNA傷害防御機構の解明，② DNA傷害などの生体有害性を検出・評価するための新規手法の開発，について紹介する．

7.4.2 未解明なDNA傷害防御機構の解明

つねに紫外線や電離放射線にさらされる地球上で生存する生物には，DNA傷害を修復するためのさまざまな分子機構が備わっている．ヒトのDNA傷害防御機構に遺伝的異常が生じると，光線過敏症，発癌リスクの上昇，早老症などをおこすことが知られている．

われわれは新たなDNA修復機構の探索と解明を目的に，線虫（*C. elegans*）と呼ばれる実験動物をモデルにした研究を行った．線虫は体長数mmの小さな多細胞生物であり，自然界の主要な生物種として土壌や湖沼などに広く生息している．約1000個の細胞から構成され，発生や老化の研究によく使われている．全遺伝情報が解読され，RNA干渉（RNAi）による遺伝子機能の抑制が可能であることから，遺伝子研究にも好んで利用される．われわれはRNAi処理を行った線虫にX線を照射した際，子孫の致死率が上昇する遺伝子を探索し，新規遺伝子*drh-3*（D2005.5）をはじめて発見した．詳細な表現型解析の結果，*drh-3*遺伝子機能が抑制されると卵巣で卵母細胞が作られる際に，DNAが凝縮された染色体どうしの分離が異常をおこし，その結果，子孫が致死となることが判明した（図**7.3**）[1]．

2006年にRNAiの発見によりノーベル医学生理学賞を受けたC. Melloらのグループが，DRH-3はRNAiで機能していることを報告した．

以上の結果から，RNAiがDNA（染色体）の安定維持に重要な働きを果たし

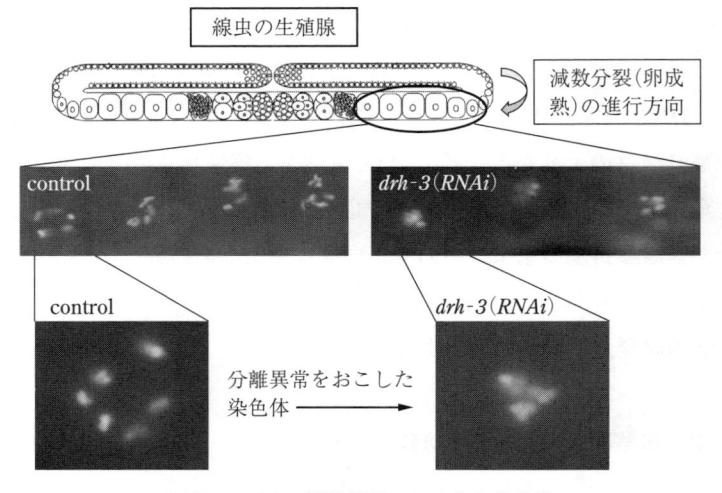

168   7. 先端技術から見た生態恒常性工学

図7.3　drh-3 機能抑制による染色体異常

ていることがはじめて明らかとなり，その詳細な分子機構の解明が期待されている．

7.4.3　新規生体有害性検出評価法に関する研究

廃棄物処理や物質のリサイクルを行う上で，多種多様な物質のもつ生体有害性を的確に検出・評価することは非常に重要である．以下に2種類の生体有害性検出評価法に関する研究について紹介する．

〔1〕　遺伝子組換え酵母を用いたDNA傷害性検出法の開発[2)]

1970年代以降，化学物質による発癌性が発見されたことがきっかけとなり，化合物のDNA傷害性を判定するためのさまざまな遺伝毒性試験法が開発された．現在，代表的な遺伝毒性試験法として，バクテリアを利用したAmes試験や umu 試験が使用されているが，代謝系やDNA修復系の違いなどによって，試験結果をそのままヒトに適用できるかは慎重に判断する必要がある．

われわれは，ヒトと同じ真核生物の出芽酵母をベースにした遺伝子レポーター法を用いて，新たなDNA傷害検出法の開発を行った．遺伝子レポーター法とは，特定の刺激に応答する遺伝子プロモーターに連結したレポーター遺伝

7.4 DNA傷害防御機構の解明と環境評価への応用

子を組み込んだプラスミドを酵母に導入し，遺伝子組換え酵母で発現誘導されたレポーター遺伝子産物の定量を行うことで，被った刺激のレベルを定量的に評価する手法のことである。

DNA傷害性応答性を示す $RNR2$ 遺伝子プロモーターと，β-galactosidase（β-gal）をコードする大腸菌 $lacZ$ をレポーター遺伝子として用いた「直接レポーター法」を確立した。さらに $RNR2$ 遺伝子プロモーターと人工転写因子をコードする遺伝子をもつセンサプラスミドと人工転写因子結合配列に連結した $lacZ$ 遺伝子をもつレポータープラスミドを同時に用いる「間接レポーター法」をはじめて開発した。直接レポーター法と比較して，同系では低濃度域のDNA傷害性化合物（メタンスルホン酸メチル）に対して，5倍以上の感度で検出できることが示された（図7.4）。DNA傷害性物質による低濃度汚染を検出する上で，間接レポーター法は有効なツールとして利用できよう。

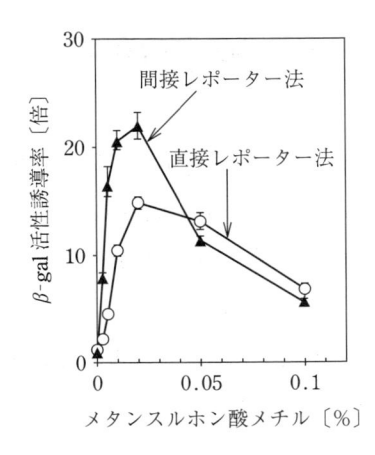

メタンスルホン酸メチルを含まない場合の β-gal 活性を1.0としたときの各濃度における活性誘導率（倍）を示した。

図7.4 間接レポーター法における β-gal 活性誘導〔文献2）を改変転載〕

〔2〕 線虫の寿命短縮を指標とした生体有害性評価法の研究[3]

線虫は土壌に生息する主要な生物種であることから，線虫を利用した有害性評価法を土壌汚染の評価などに用いることは合理的と考えられる。線虫は通常，孵化から3日ほどで成虫に成長し，その後，3週間ほどで寿命を迎える。このように線虫を用いることで，容易に実験室で寿命を測定することができる。これまでに線虫の致死率（急性毒性）や成長阻害など比較的短期間での影

響を指標とした評価法が報告されているが，筆者らは長期的な有害性評価を目的として，線虫の寿命短縮効果を新たな指標とする有害性評価法を確立した。重金属や界面活性剤により，濃度依存的に線虫の寿命は短縮し，生体有害性の指標として寿命が利用できることが示された[3]。

7.4.4 お わ り に

健康な生活・安全な社会の形成に向けて，遺伝子の健全性を支える分子基盤を解明し，DNA傷害の影響を正しく理解するため不断の努力が求められる。また，食の安全性が揺らいでいる最近の社会状況を考えると，DNA傷害性を的確に評価するための優れたツールの開発が今後ますます重要になると予想される。

7.5　生分解性高分子材料による環境負荷の低減

7.5.1　生分解性高分子材料はなぜ必要か

1990年代において，生分解性高分子材料は，ごみ問題解決のための有効な材料として注目された。しかし，現在においては，「生分解性を機能とする用途」は別にして，「再生可能資源より生産可能」である点が，生分解性高分子材料を使用するメリットとして強調されている（図7.5）[4]。

従来の化石資源由来の高分子材料を，ポリ乳酸などのように，再生可能資源より生産される生分解性高分子材料で置き換えることにより，以下のようなメリットがある。

① 材料中の炭素，酸素，水素源としての化石資源の消費を減らせる。
② 焼却など処理の際に放出される二酸化炭素量は，光合成によりその材料の原料がつくられる際に取り込まれた二酸化炭素の量と同じである。そのため，材料を処理することにより，二酸化炭素量は増減しない。

②は，「カーボンニュートラル」という用語で表現される。しかし，カーボンニュートラルを「免罪符」とする材料の使い捨ては避けるべきである[5]。生

7.5 生分解性高分子材料による環境負荷の低減

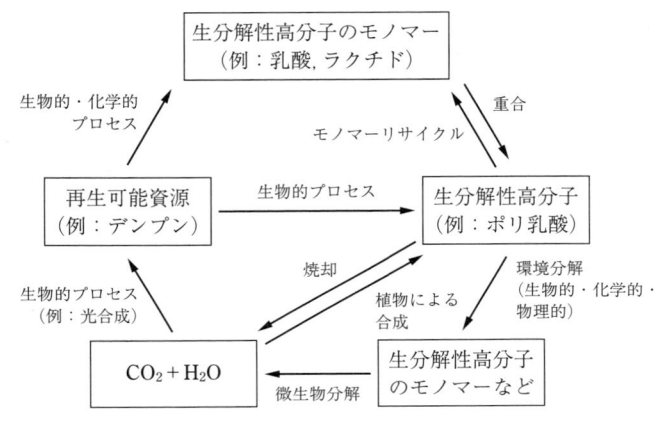

図 7.5 生分解性高分子材料の合成，分解，リサイクル[4]

分解性ポリエステルを熱分解や加水分解することにより，容易にそのモノマーが得られることを利用すれば，高効率のモノマーリサイクルが可能になる。このことは，モノマーリサイクルにより，原料あるいはそれを生産する際のエネルギー源としての化石資源の消費を抑えることができ，さらには，二酸化炭素の固定化状態を維持することができるため，環境負荷を低減することができることを意味する。

生分解性高分子材料には親水性のものが多く，力学的特性など材料特性や耐久性に問題のあるものが多い。また，天然高分子には加工性に問題のあるものもある。材料特性の向上は用途拡大につながるため重要である。「生分解性を機能とする」材料開発は，用途拡大につながり，環境負荷を低減する観点からも望ましい。そのためには，生分解性高分子材料の分解挙動を制御する技術の開発が必要になる。

7.5.2 定　　　義

高分子材料が環境に放出された場合，**図 7.6** の機構により，種々の生物的・化学的・物理的作用を受けて分解する[4),6)]。生分解性高分子材料とは，環境における微生物の作用により分解され，非分解性の生成物が残存しないものをい

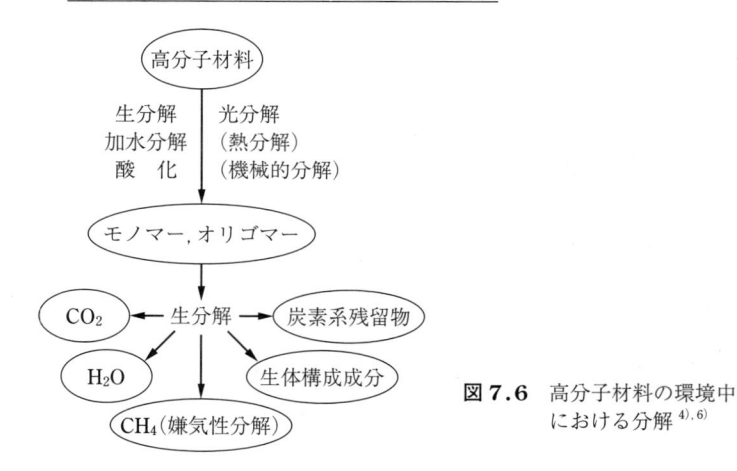

```
                    高分子材料
                       │
         生分解      │  光分解
         加水分解    │ (熱分解)
         酸 化       │ (機械的分解)
                       ↓
                モノマー, オリゴマー
                       │
          ┌────── 生分解 ──────┐
        CO₂                    炭素系残留物
        H₂O                    生体構成成分
          ↓
       CH₄ (嫌気性分解)
```

図 7.6 高分子材料の環境中における分解 [4],[6]

う。生分解性高分子材料は，つぎの2段階のプロセスにより無機化される。

① 環境における微生物の体外酵素による主鎖切断に伴う分子量低下
② 微生物体内への取込みと代謝

第二段階においては，代謝により生体構成成分となるものもある。しかし，長期的には，好気性条件下では，CO_2 と H_2O にまで分解され［式 (7.1)］，嫌気性条件下では，分解生成物として，これらのほかに CH_4 が加わる［式 (7.2)］。

好気的分解の場合

$$C_t = C(CO_2) + C_r + C_b \tag{7.1}$$

嫌気的分解の場合

$$C_t = C(CO_2) + C(CH_4) + C_r + C_b \tag{7.2}$$

ここで，C_t は生分解される物質中の炭素含量，C_r は炭素系残留物中炭素量，C_b は生体構成成分である。$C_r = 0$ の場合が「完全生分解性高分子材料」，$0 < C_r < C_t$ の場合が「部分生分解性高分子材料」，$C_r = C_t$ の場合が「非生分解性高分子材料」と定義できる。この定義は，分解期間や条件（環境など）に依存する。さらに，ある高分子材料が非分解性であることを証明することは困難である。それは，微生物が突然変異をおこし，その材料を分解できるようになる可能性があるためである。

7.5.3 構　　　　造

生分解性高分子を構造の観点から見ると，生分解の第一段階で切断されやすい「モノマーユニット間の結合」（以下「結合」と略）と「結合の間にあり生分解の第二段階で分解される部分」（以下「結合間の部分」と略）に分けることができる。「結合」の構造には，下記のものがある。

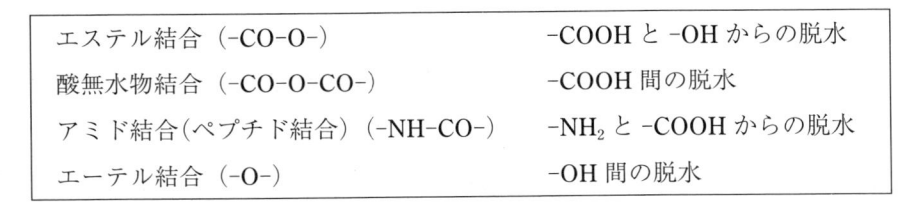

エステル結合（-CO-O-）	-COOH と -OH からの脱水
酸無水物結合（-CO-O-CO-）	-COOH 間の脱水
アミド結合(ペプチド結合)（-NH-CO-）	$-NH_2$ と -COOH からの脱水
エーテル結合（-O-）	-OH 間の脱水

これらの構造は，上記のように二つの官能基からの脱水縮合反応により合成され，微生物による切断を受けやすい。また，「結合間の部分」の構造は，基本的に分岐，架橋，環状構造のない直鎖状の脂肪族であることが望ましい。芳香族が構造に入ると分解速度が著しく低下する。また，「結合間の部分」の炭素数が多くなるに従い，分解速度は低下する。炭素数が増えた極限構造はポリエチレンであるが，その生分解性はきわめて低い。生分解性高分子の構造あるいは例を**表7.2**にまとめた。ポリビニル系を除いて，上記の「結合」の構造のいずれかが必ず含まれている。

表7.2 生分解性高分子の分子構造あるいは例

ポリマー	構造あるいは例
ポリエステル	$(-R-CO-O-)_n$
ポリ酸無水物	$(-R-CO-O-CO-)_n$
ポリカーボネート	$(-RO-CO-O-)_n$
ポリアミド	$(-R-CO-NH-)_n$
ポリウレタン	$(-RO-CO-NH-)_n$
ポリウレア	$(-RNH-CO-NH-)_n$
ポリエール	$(-R-O-)_n$
ポリケタール	$(-RO-CR^1R^2-O-)_n$
ポリアセタール	$(-RO-CHR^1-O-)_n$
ポリビニル	$(-CH_2-CR^1R^2-)_n$
多糖類	デンプン，セルロース，キチン，キトサン

7.5.4 ま と め

再生可能資源より生産される生分解性高分子材料の使用により，環境負荷を低減することが可能であると考えられる。しかし，導入した場合の環境負荷をエネルギー消費量の観点などから評価することにより，材料ごとに，使用の是非を判断することは必要不可欠である。

7.6 水質浄化技術（膜分離法）

7.6.1 は じ め に

水質浄化は，汚濁（汚染）成分を除去することであり，ろ過など物理的手段による分離，生物学的または化学的な分解，吸着などの物理化学的方法など，除去対象物質によって多種多様な方法が用いられている。一般に，水処理技術は反応プロセスと分離プロセスが組み合わされており，それぞれのプロセスの特性に合致した組合せによって効率的な水処理が可能となる。ここでは，分離技術として近年広く普及してきた膜分離法と，それを利用した水質浄化技術について述べる。

ここでいう膜は，特定の成分（通常，溶質）を通過（透過）させない半透膜のことで，生物においては肺や消化器官，腎臓，さらには細胞膜など，生命活動において重要な役割を果している。また，膜は水処理だけでなくさまざまな分野で用いられている。医療の分野で用いられている人工透析膜や燃料電池の隔膜もその例である。水処理においては，ろ過と同じように汚濁物を含む水に圧力をかけて，膜で溶質（汚濁成分）を分離・濃縮する方法が用いられ，圧力を駆動力とする膜分離法または膜ろ過法といわれている。

7.6.2 膜ろ過法の分類

膜ろ過法は，膜で分離可能な溶質成分によって**表7.3**に示すように分類される。膜素材としては，さまざまな高分子化合物が用いられているが，MF膜についてはセラミック膜も用いられている。

表7.3 膜ろ過法の分類

膜	目的	阻止粒子サイズ〔nm〕	操作圧力〔kPa〕
逆浸透（RO）膜	海水の淡水化	>0.2	≧15×10^3
ナノろ過（NF）膜	硬度成分の除去	>0.2	≧5×10^3
限外ろ過（UF）膜	高分子成分の分離，ウイルス除去	>1	$1 \times 10^2 \sim 1 \times 10^3$
精密ろ過（MF）膜	濁り成分の分離，除菌	>100	$<1 \times 10^2$

RO膜は，1960年代にNaClを分離できるセルロースアセテート膜が発明されて以来急速に開発が進み，膜分離技術の発展の原動力となった。現在，わが国においては，福岡地区水道企業団で稼働中の施設が最大規模で，5万 m^3/日の淡水生産能力がある。海外では，イスラエルのAshkelon淡水化プラントで27万 m^3/日の生産能力がある。欧米のように水道原水にCaやMgなどの硬度成分を比較的高い濃度で含む場合，硬度成分と微量有害有機汚染物質を同時に除去する目的で，NF膜（低脱塩性RO膜ともいう）が用いられるようになっている。フランスのMery-su-Oise浄水場では，NF膜による処理が行われており，14万 m^3/日の能力がある。UF膜やMF膜は，水処理分野において主として粒子状成分の分離に用いられており，これらについては後で触れる。

7.6.3 溶質分離機構

半透膜は，分子レベルの篩作用によって溶媒である水を透過させ，それより大きい分子を阻止する。MF膜は明確に細孔が存在し，細孔より大きな物質を阻止することができる。UF膜は必ずしも細孔径を計測できるとは限らないが，特定の分子量より大きな分子は阻止され，膜の性能は分画分子量（MWCO）で表される。RO膜やNF膜の細孔径を直接測定することはできていないが，電荷をもたない有機化合物では，大きな分子ほど阻止されやすく，やはり分子篩作用が認められている。しかしながら，疎水性の有機化合物の分離には，分子篩作用に加えて溶質の膜高分子に対する吸着作用も影響する。

一方，Na$^+$イオンやCl$^-$イオンは，水分子より大きいとはいえないが，RO膜で阻止される。これらのイオンは，水和することによって水中に溶解して安

定化している。イオンが膜に近接するためには，脱水和する必要があるが，これに要するエネルギーが大きいため，膜内の小さな通路にイオンが侵入できない。イオンの阻止はこの理由による。したがって，無機電解質でも分子状で溶解しているホウ酸や亜ヒ酸などは，RO膜でも低い阻止率を示す。

　砂ろ過やろ紙によるろ過では，水中の粒子状物質はろ材表面またはろ材内部に捕捉される（全量ろ過）。したがって，ろ材が閉塞すると，ろ材の洗浄または交換が必要となり，砂ろ過などではろ過と洗浄を交互に行う。膜分離法では供給液は膜と平行に流れ，透過液は膜と直角方向に流れる（クロスフローろ過）（**図7.7**）。このため，膜ろ過法では，溶質が濃縮された溶液と溶質が除去された透過液が得られ，連続した処理が可能である。したがって，排水処理などでは濃縮液の処理が最終的に必要である。また，膜表面で溶質が濃縮されるため，不溶性の塩が形成されると膜汚れとなり，膜の性能が低下する。これを抑制するためには，定期的な膜洗浄が必要である。

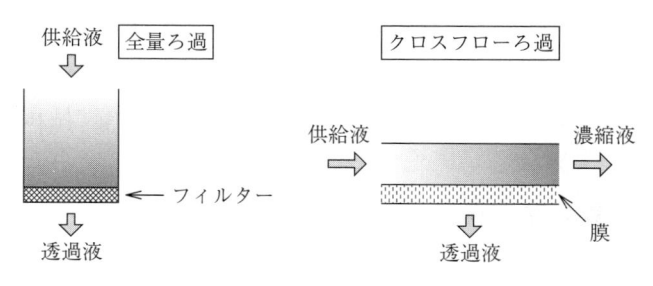

図7.7　全量ろ過とクロスフローろ過

7.6.4　膜ろ過と生物学的排水処理の組合せ（膜分離バイオリアクター）

　生物学的排水処理の代表的なシステムである活性汚泥法では，好気性微生物による反応後，沈殿によってバイオマス（活性汚泥）を分離して上澄水を処理水とし，沈殿汚泥を反応槽（ばっ気槽）に返送している。沈殿分離法で得られる汚泥濃度は10 000 mg/l 程度であるため，ばっ気槽の汚泥濃度は1 500～6 000 mg/l の範囲である。**図7.8**に示すように，沈殿分離法に代えて膜分離法を用いると，ばっ気槽の汚泥濃度を8 000～15 000 mg/l に維持することが

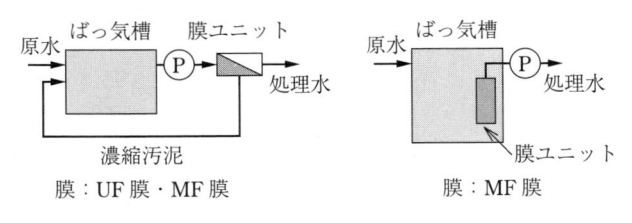

図7.8 膜分離バイオリアクターのシステムフロー

できるため，生物学的反応の高速化（反応槽のコンパクト化）が可能となる。さらに，膜透過水は懸濁物質（細菌を含む）を含まないため，清澄な処理水が得られる。

図7.8に示したシステムは，生物学的反応の代わりに凝集反応との組合せが可能で，排水処理の高度処理や浄水処理で用いられている。浄水処理では，下痢症の原因となる人畜共通の原虫（クリストスポリジウム）を除去するための有効な方法として，小規模浄水施設で膜ろ過法の導入が進んでいる。

7.7 静電気的手法を用いた空気浄化技術

7.7.1 はじめに

高電圧や高電界下での静電的手法を用いた空気浄化技術が近年注目を集めている。電気集塵は直流コロナ放電により単極性イオンを発生させることで，ガス中に浮遊する微粒子を帯電させ，静電気力によって電極上に捕集するものであり，発電所の排ガス浄化をはじめ，多くの産業で用いられている技術である。電気集塵は，フィルタなどでは除去することが困難なサブミクロンサイズの微粒子をも高い効率で捕集できるという特徴を有していることから，ディーゼルエンジン排ガス中の粒子状物質の除去法として有望視されている。さらに，パルス電圧の印加によって電極間の広い空間に非平衡プラズマを生成することが可能である。プラズマは電界によって加速された電子がガス分子と衝突し，これを電離したものである。プラズマ中ではイオンや励起種が多く生成されているため，従来の化学反応場では実現できない化学反応を誘起することが

可能であり，微粒子の除去に加えてガス状汚染物質の分解・除去に応用することが可能である。

7.7.2 放電プラズマの発生

図7.9にガス反応に用いられる代表的な非平衡プラズマの発生方法を，図7.10に代表的な非平衡プラズマの様子を示す。

(a) パルスストリーマ放電　　(b) 充填層放電

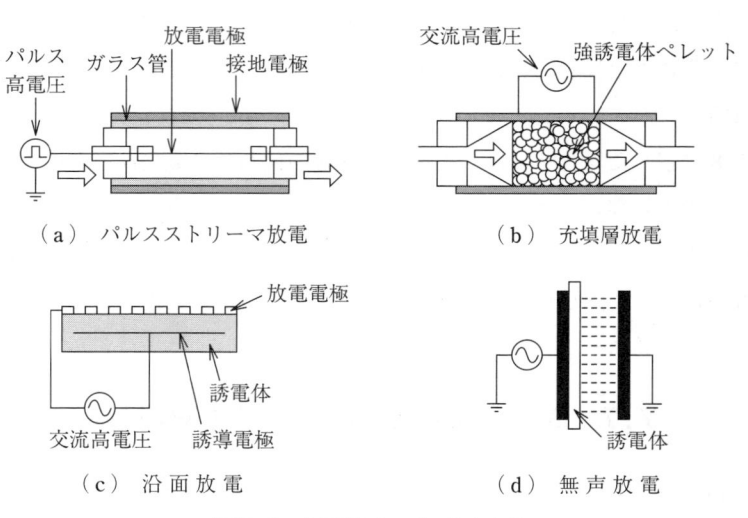

(c) 沿面放電　　(d) 無声放電

図7.9 非平衡プラズマ発生方法

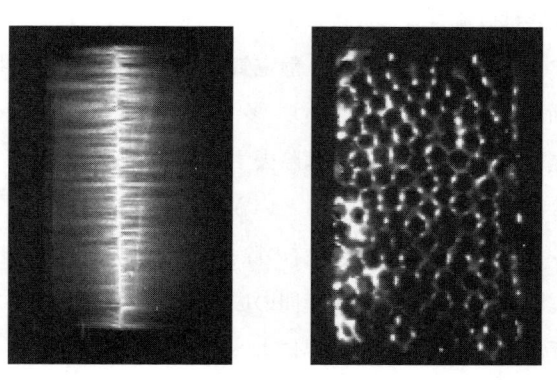

(a) パルスストリーマ放電　　(b) 充填層放電

図7.10 非平衡プラズマの様子

図7.9（a）に示すように線-平板電極などの不平等電極に立上り時間10 ns，時間幅1 μs程度のパルス電圧を印加することで，図7.10（a）のような放電電極から線状に伸びるパルスストリーマ放電を生成することができる。電圧の持続時間が短いため，投入された電気エネルギーのうち大部分が質量の小さな電子の加速に使われ，イオンへのエネルギー注入は小さい。プラズマ中での化学反応は主として高速な電子によって開始されるので，パルスストリーマ放電プラズマでは化学反応を誘起するためのエネルギー効率を高くすることが可能である。

図7.9（b）に示すような球状の誘電体を充填した層に交流高電圧を印加することによって，誘電体の接点に持続時間数十 ns 程度のパルス放電〔図7.10（b）〕を発生させることができる。これを充填層放電と呼ぶ。この方法では誘電体に触媒を担持することによって放電プラズマと触媒との併用を容易に実現することが可能であり，触媒の動作温度の低温化やプラズマ化学反応の選択性の向上などが期待される。

気相での化学反応を誘起できる放電プラズマの形態として，沿面放電や無声放電を挙げることができる[7]。セラミック板の内部に電極を埋め込み，表面に配置した線状の電極との間に交流高電圧を印加することで，線状電極の近傍のセラミック表面上を高速で伸展するパルス的な放電を誘起することができる。これが沿面放電であり，オゾンの生成や揮発性有機化合物（VOC）の分解などに利用されている。無声放電は平行平板電極間にセラミックやガラス板などの絶縁物を挿入し空気層の空隙を設け，交流高電圧を印加することにより発生させる。絶縁体の存在によって火花閃絡を防ぐことができるため，高い電圧を印加することができる特徴を有している。

7.7.3 放電プラズマを用いた窒素酸化物の除去

誘電体層放電プラズマを用いたNO_x（窒素酸化物）除去の結果を**図7.11**に示す[8]。触媒として誘電体である$\gamma\text{-}Al_2O_3$を用い，メタノールを還元剤として用いることで，放電プラズマと触媒による化学反応を期待した。初期濃度

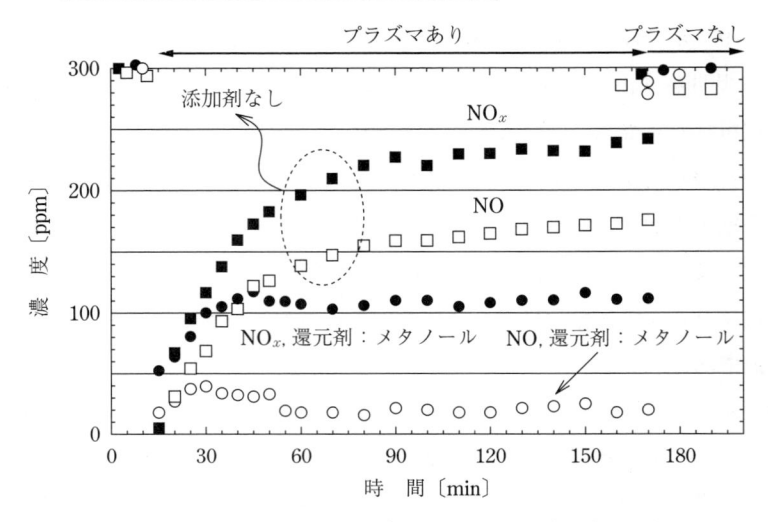

180　　7.　先端技術から見た生態恒常性工学

図 7.11　誘電体層放電プラズマを用いた窒素酸化物の除去

300 ppm の NO（一酸化窒素）を試料ガスとして用いた．ガス温度は 150 ℃であり，空間速度は 11 000 h^{-1}，比投入エネルギー（処理ガス量当りの投入エネルギー）は 105 kJ/m^3 としたときの結果である．

　放電プラズマを発生させない場合の NO の変化はきわめて小さく，NO の触媒への吸着は無視できることがわかる．プラズマを発生させると同時に NO および NO_x（$NO+NO_2$）濃度がすみやかに減少し，その後増加している．還元剤を用いない場合には時間の経過に伴って NO_x 除去率がほぼ 20 ％ で飽和したが，還元剤を用いた場合は NO_x 除去率が約 60 ％ で定常状態に達した．ガス中および触媒への吸着物質の成分分析結果から，還元剤を用いない場合には，除去された NO のうち還元によるものは 15 ％ 程度であり，大部分が酸化・吸着によるものであった．一方，還元剤を用いた場合には，約 80 ％ が還元的に除去されていることが明らかになった[8]．

7.7.4　お わ り に

　放電プラズマと触媒を併用することによって窒素酸化物を除去することが可能であることを示した．放電プラズマは上記以外にも化石燃料の改質などや殺

菌，室内空気の浄化などに応用することも可能であり，エネルギーの有効利用や生活環境・作業環境の改善を通して，持続発展可能な社会システム構築のためのキーテクノロジーとなるものと期待される。

7.8 静電気的手法を用いた生体高分子の操作・反応・解析技術の開発

7.8.1 はじめに

遺伝情報をもとにした新薬の開発や病気診断・治療，あるいは微生物の機能を利用した環境修復などに関する研究が盛んに行われている。これらの実現の鍵を握っているのはヒトや多種多様な微生物の遺伝情報を解析し，それらの機能を明らかにすることのできる高速な解析技術の開発である。近年の生体高分子の観察手法の発展に伴って，DNAやタンパク質などの1分子レベルでのリアルタイム観察が可能になってきている。この結果，従来の解析手法では多数の分子の集団の振舞いとしてしかこれらの解析を行うことができなかったのに対して，平均値ではない個々の分子の挙動を解析することが可能になることが期待される。**図 7.12** はDNAの1分子操作の例である。

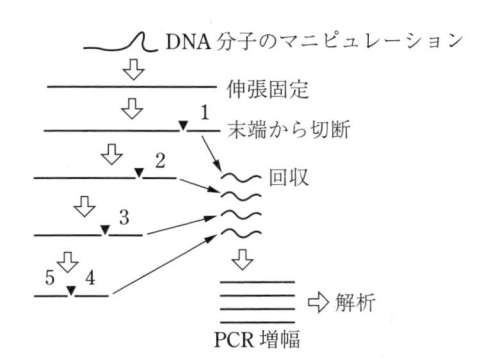

図 7.12 DNAの1分子操作を利用した解析

DNA 1分子を静電気力によって直線的に伸張させるなど，形態や位置を制御し，基板に固定する。その後，酵素やレーザなどで切断することにより，必要な部分のみを選択的に回収し，解析を行う。このことによって，従来のゲノ

ム解析において多大な労力を必要とした遺伝子断片の位置および順序決定プロセスを大幅に簡単化することが可能であると期待される。ここでは筆者らのグループで行われている，静電気的手法を利用した生体高分子の1分子操作・反応・解析技術のうち，顕微鏡視野内での1分子DNAの物理操作・反応制御を紹介する。

7.8.2 顕微鏡視野内での1分子DNAの物理操作・反応制御

図7.13に示すようなY字形微細流路をポリジメチルシロキサン（PDMS）により作製し，その流路内でDNAの1分子操作と反応制御を行った。この場合，流路が狭いためレイノルズ数がきわめて小さな値となり，二つの溶液流入口から2種の溶液を送液すると，これらはほとんど混合せず2層流となる。ここでは，DNAの操作を容易にするため，DNAを直径2 μmのポリスチレンビーズに結合させたものを試料として用いた。また，DNAは直径2 nmの分子であり，光学顕微鏡では直接的に観察することはできないため，YOYO-1によりDNAを蛍光染色することで可視化している。

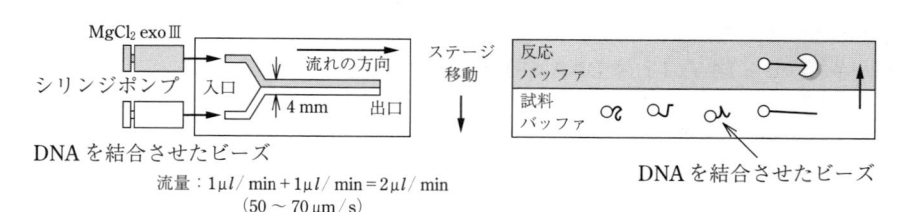

(a) 流路の形状（流路の深さは約50 μm）　　(b) 2層流中での1分子DNAの操作と反応制御

流量：$1\mu l/\text{min} + 1\mu l/\text{min} = 2\mu l/\text{min}$
$(50 \sim 70 \mu\text{m/s})$

図7.13 微細流路とそれを利用した反応制御

図7.13（a）の下側のチャネル内でDNAを結合させたビーズに集光した赤外線レーザを照射すると，レーザ光の焦点にビーズが捕捉される[9]。DNAの末端が固定されるので，溶液の流れによりDNA分子が伸張される。その後，顕微鏡ステージを操作し，DNAを結合させたビーズをエキソヌクレアーゼIIIを含んだ溶液中に移動させることで，反応を開始させる。このようにレーザト

ラップと微細流路を組み合わせることで1分子DNAの伸張と反応場の制御を同時に行うことが可能である。

エキソヌクレアーゼIIIによる1分子DNAの消化反応を図**7.14**に示す。これは，酵素反応開始から1分おきに取得したビデオ画像を連続写真にしたものである。時間の経過とともにDNAの蛍光像が短くなっており，エキソヌクレアーゼIIIによってDNAが末端から順次分解されていることがわかる。この静止画像からエキソヌクレアーゼIIIによる消化速度を見積もると約1100 bp/min という結果が得られた。この結果は，別途行われた通常の手法による多数の分子を対象とした平均値としての消化速度と比較して10倍程度大きな値となった。この消化速度の相違は，通常の手法による実験が試験管内で行われ，基質DNAがランダムな形態をとるのに対し，1分子の実験では基質DNAが流れによって伸張されていることから，DNA分子の状態の違いに起因するものと考えられる。

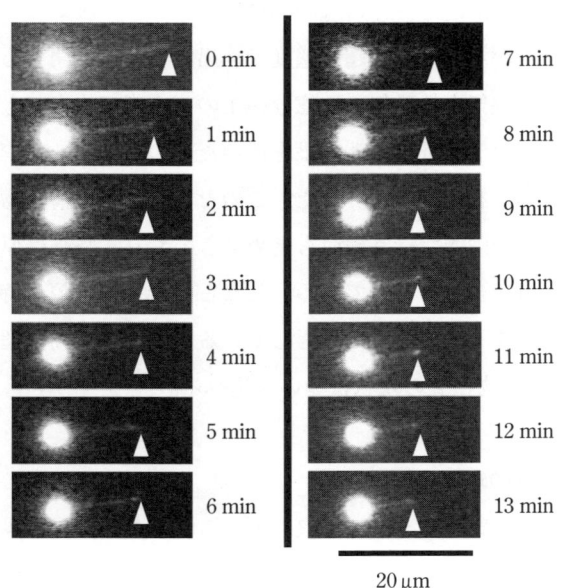

白い直線状の蛍光像が可視化された2本鎖DNA。2本鎖DNAのみを標識する蛍光色素を用いているため，酵素反応が進行すると蛍光色素が遊離し，可視化されたDNAの鎖長が減少する。白い三角形はDNAの末端位置を示す。

図**7.14** エキソヌクレアーゼIIIによるDNA消化の1分子観察

7.8.3 お わ り に

顕微鏡視野内での1分子観察技術を用いたDNA-タンパク質間相互作用の解析から，DNA分子の構造自体が酵素反応に影響を与えていることが示唆された。これは静電気力を用いた1分子DNA微小物理操作技術，微細流路を用いた化学反応技術の開発によって得られた新たな知見であり，今後これらの技術が生体高分子の機能解析に重要な役割を果たすものと考える。

7.9 超高感度SQUID磁気センサを用いた環境計測応用の進展

7.9.1 は じ め に

21世紀COEプログラム「未来社会の生態恒常性工学」の中で，先進センサ技術開発や，それを用いた新規検出法および評価技術の開発を中心に据えて研究を進めてきた。センサとして超高感度超伝導SQUID（スクイド）磁気センサを用いて，食製品や廃棄物内から危険物を超高感度で検出する技術を開発している。これは危険異物に残る磁気を地磁気の1億分の1の高感度で検出できる世界初の装置である。これは超伝導量子干渉効果を用いたものであり，廃棄物中の危険異物の検出にたいへん有効である。また，このセンサで大型構造物の長寿命化に必要な亀裂検査を非破壊で行う検討も進めてきており，将来は原子炉などの非破壊検査にも応用できると考えている。これらの研究は人類の持続的な発展を維持するために必要不可欠なものと信じている。主として高温超電導SQUID磁気センサによる異物検査の現状について述べる。

7.9.2　食品内異物検査装置の現状

昨今，食の安全が話題となり，新聞やテレビで取り上げられるため，異物混入は消費者の大きな関心事となっている。大手食品メーカーにおいて，異物混入事故が発生した場合，その損失は，製品回収費用や逸失利益（事故がなかった場合に得られたと予想される利益）を含めると，数十億から数百億円に上る

7.9 超高感度 SQUID 磁気センサを用いた環境計測応用の進展　　*185*

ことが知られており，企業にとっても大きな関心事である．従来の方式としては渦流方式，X 線方式が主流である．これら従来の方法では食品ラインで多用されている材料のステンレス（SUS 304）小片が混入した場合，検出が難しく，直径数 mm の異物しか検出することができなかった．SQUID センサ方式はこれら従来の方法にとってかわる高感度な検出方法である．この方式では被検査物を磁石で磁化し，その残留磁化を高感度磁気センサで計測するために，水分や温度の影響を受けず，また，アルミニウムなど包装材の影響もほとんど受けない．

7.9.3　検査装置の原理

　SQUID 異物検査装置の概念図を図 **7.15** に示す．装置全体は磁気シールドで覆われており，SQUID プローブが納められたクライオスタット（真空断熱低温保持容器）の下にコンベヤーが設置されている．コンベヤー上の被検査物は左側の永久磁石で上下方向に磁化されて右へ移動し，SQUID 磁気センサの真下を通過したときに，その金属異物の残留磁化が計測される仕組みとなっている．

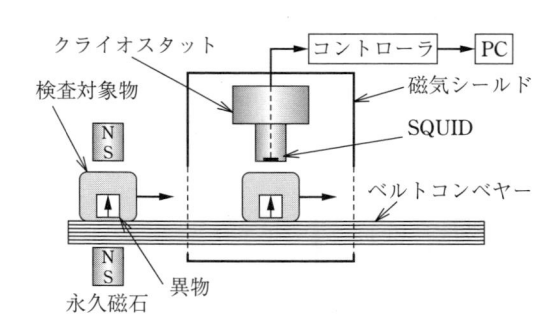

図 7.15　SQUID 異物検査装置の概念図

7.9.4　検査装置および試験結果

　図 **7.16** に実用機の外観写真を示す（シールドはステンレス外装の内側）．仕様は以下のようである．

・センサ磁場分解能　　$0.3\,\mathrm{pT}/\mathrm{Hz}^{1/2}$

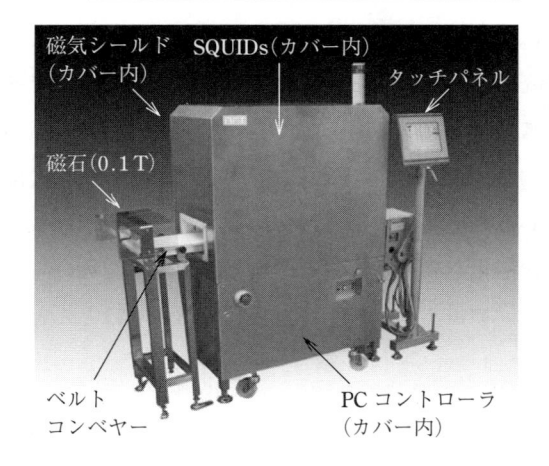

186   7. 先端技術から見た生態恒常性工学

図 7.16 異物検査装置の外観写真

- クライオスタット　　ガラス製 $\phi50\,\text{mm}\times300\,\text{mm}\times3$ 本
- シールド率　　　　　732（DC，鉛直方向）
- 装置サイズ　　　　　$1\,500\,\text{mmL}\times477\,\text{mmW}\times1\,445\,\text{mmH}$
- 実効開口部寸法　　　$200\,\text{mmW}\times80\,\text{mmH}$
- コンベヤー速度　　　$1\sim100\,\text{m}/\text{min}$
- 液体窒素供給　　　　加圧式自動供給
- 外　装　　　　　　　オールステンレス（HACCP 対応）

図 7.17 に $\phi0.3\,\text{mm}$ のステンレス球を検出した際の SQUID 信号の絶対値処理波形を示す。信号雑音比は 5 以上で明瞭なピークが見られ，判定に十分な値であることがわかる。

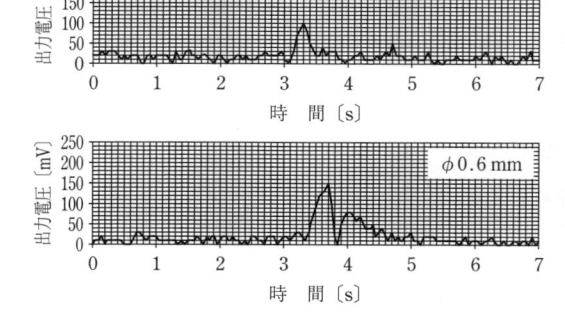

電圧-磁場換算係数
$1.2\,\text{pT}/\text{mV}$

図 7.17 ステンレス球を検出した際の SQUID 信号の絶対値処理波形

7.9 超高感度 SQUID 磁気センサを用いた環境計測応用の進展

さらに，もう少し系統的に球径を変えて計測した結果を**図 7.18**に示す。異物試料として炭素鋼球およびステンレス球を用いて計測を行った。炭素鋼球ではその信号強度が直径の 3 乗に比例，つまり体積に比例していることがわかる。一方，ステンレス球では，必ずしも体積に比例していない。これはオーステナイト系ステンレスの全体積がマルテンサイト化したのではなく，一部がマルテンサイト化し，その部分からの信号を計測しているためであると予想される。いずれにしても，信号雑音比は 5 以上で，直径 0.3 mm のステンレス球および炭素鋼球を確実にとらえることができた。

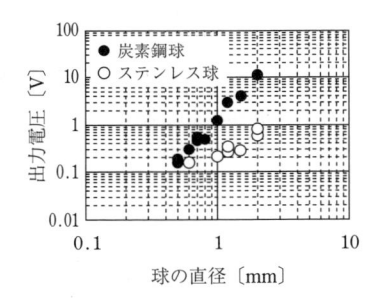

図 7.18 さまざまな大きさの球からの SQUID 信号強度

7.9.5 ま　と　め

高温超電導 SQUID 磁気センサを用いた食品内異物検査装置の実用機を開発することができた。本装置は 30 ～ 75 mm 離れた ϕ0.3 mm のステンレスあるいは鋼球を確実に検出できる。本装置の応用分野として，食品異物以外に廃棄物中の危険物やリサイクル可能な有価物の検出などが考えられ，これらによって，環境負荷低減に寄与できると思われる。

「引用・参考文献

2 章

1) 環境省：平成19年版環境・循環型社会白書（2007）
2) Boys, A. F. F. : The current state of energy use in food and agriculture, J. Japan Institute of Energy, **183**, pp. 391-402（2004）
3) 農林水産省：品目別自給率の推移（2005）
4) 久馬一剛，祖田 修：農業と環境，財団法人富民協会（1995）
5) 環境庁：平成11年版環境白書（1999）
6) 松永勝彦，畠山重篤：漁師が山に木を植える理由（1999）
7) 農林水産省：主要先進国の食料自給率（2003）
8) 中田哲也：食料の総輸入量・距離（フードマイレージ）とその環境に及ぼす負荷に関する考察，農林水産政策研究第5号，pp. 45-59（2003）
9) Ray, P. H. and Anderson, S. R. : The Cultural Creatives : How 50 Million People are Changing the World（2000）
10) 資源エネルギー庁：平成17年度（2005年度）におけるエネルギー需給実績（確報）（2005）
11) 財団法人省エネルギーセンター：スマートエネルギー白書2001（2001）
12) 環境省：平成16年版環境白書（2004）
13) 白木達朗，中村 龍，姥浦道生，立花潤三，後藤尚弘，藤江幸一：生産・流通を考慮した地産地消によるCO_2排出量削減に関する研究，土木学会環境システム研究論文集，**34**, pp. 135-142（2006）
14) 厚生労働省：平成14年国民栄養調査 国民栄養の現状（2004）
15) 環境省：平成14年版循環社会白書（2002）
16) 京都市：京都市家庭ごみ組成調査（2001）
17) 資源協会：家庭生活のライフサイクルエネルギー，あんほるめ（1994）
18) 資源協会：大都市生活のライフサイクルエネルギー，あんほるめ（1999）
19) 総務省統計局：平成17年家計調査（2004）
20) 宮崎丈史：農作物流通と流通技術の現状および問題点，フレッシュフードシステム，**30**(4), pp. 11-19（2001）
21) 吉野馨子：地産地消はどこへ行くのか？，日本農村生活研究大会報告要旨，**52**, pp. 21-33（2004）
22) 内藤重之：地方自治体における「地産地消」推進施策の展開と役割，農業市場研究，**14**(4), pp. 28-37（2005）
23) 岩崎武正：食育を推進する「地産地消」の学校給食，食の科学，No.319, pp. 44-47（2004）
24) 農林水産省統計情報部：平成15年青果物産地別卸売統計（2004）

引用・参考文献

25) 財団法人省エネルギーセンター：家庭の省エネ大辞典, http://www.eccj.or.jp/dict/index.html
26) 東京ガス株式会社：http://www.tokyo-gas.co.jp/ultraene/enest09.html

3 章

1) 日本エネルギー経済研究所：ウェブサイト：http://eneken.ieej.or.jp/report
2) 尾島俊雄研究室：研究室建築の光熱水原単位（東京版），早稲田大学出版部（1995）
3) 宇田川光宏：標準問題の提案　住宅用標準問題，日本建築学会環境工学委員会熱分科会第 15 回熱シンポジウム（1985）
4) NHK：2005 年 国民生活時間調査報告書（2005）
5) SMASH for Windows，建築環境・省エネルギー機構
6) 梅干野晁，他：薄い盛土層を持った木造建築物の屋上植栽の熱的特性　その 2　数値計算による屋根構造・室内条件の影響の検討，日本建築学会大会学術講演梗概集，pp. 119-120（1996）
7) 日本建築学会：拡張アメダス気象データ，日本建築学会（2000）
8) 滝沢　博：標準問題の提案　オフィス用標準問題，日本建築学会環境工学委員会熱分科会第 15 回熱シンポジウム（1985）
9) U. S. Department of Energy : EnergyPlus Energy Simulation Program, http://www.eere.energy.gov/buildings/energyplus/about.html
10) 土木学会：FRP 橋梁―技術とその展望―，構造工学シリーズ 14，土木学会（2004）
11) 川上彰二郎，白石和男，大橋正治：光ファイバとファイバ形デバイス，培風館（1996）
12) 武田展雄：FRP の耐久性評価とヘルスモニタリング，第 1 回 FRP 橋梁に関するシンポジウム論文集，構造工学技術シリーズ 21，土木学会，pp. 1-12（2001）
13) 山田聖志，中澤博之，小宮　巌：日本建築学会構造系論文集，No.564, pp. 71-77（2003）
14) 山田聖志，中澤博之，小宮　巌：強化プラスチックス，**49**(4), pp. 22-28（2003）
15) Kersey, A. D. et al. : SPIE, **2829**（1996）
16) 山田聖志，中澤博之，小宮　巌：土木学会第 58 回年次学術講演会論文集，第 1 部（A），pp. 1401-1402（2003）
17) Okabe, Y. et al. : Composite Science Technology, **62**(7), pp. 951-958（2002）
18) Yamada, S., Komiya, I., Matsumoto, Y. and Hiramoto, T. : Proc. Intern. Colloquium on Application of FRP to Bridges, ICAFB 2006, JSCE, pp. 77-80（2006）
19) 山田聖志，田口　孝，中澤博之，松本幸大：日本建築学会構造系論文集，No.594, pp. 143-150（2005）
20) 山田聖志，山田　聡，松本幸大，平本　隆：光ファイバセンサを用いた鋼橋のヘルスモニタリング，土木学会第 60 回年次学術講演会論文集，1-417, pp. 851-852（2005）

21) 山田聖志：豊橋市における橋梁の実地調査と光ファイバセンシング，地域協働まちづくりリサーチセンター年報，豊橋技術科学大学，No.1, pp. 13-20（2006）
22) 山田聖志：鋼構造物の訪問型モニタリングの提案とそのフィールド計測，鋼構造年次論文報告集，第15号，pp. 85-92（2007.11）
23) Mufti, A. A. : Structural health monitoring of innovative Canadian civil engineering structures, Structural Health Monitoring, The Demands and Challenges, pp. 43-60（2001）
24) Todd, M. et al. : Smart Material Structures, **10**(3), pp. 534-539（2001）
25) 山田聖志，中澤博之，小宮　巖：引抜成形FRP柱材の圧縮力による崩壊メカニズム，強化プラスチックス，**46**(6), pp. 238-244（2000.6）
26) 山田聖志，中澤博之：連続引抜成形繊維補強ポリマー接合部の母材破壊性状，構造工学論文集，土木学会，**48A**, pp. 11-18（2002.3）
27) 山田聖志，中澤博之，小宮　巖：FRP形材を骨組とした膜構造のクランプ部破壊性状と光ファイバセンサによる内部損傷モニタリング，日本建築学会構造系論文集，第564号，pp. 71-77（2003.2）
28) Fauzan, Kuramoto, H. and Matsui, T. : Seismic behavior of interior beam-column joints for composite EWECS structural systems, J. Structural Engineering, **53B**（2007）
29) Yamada, S., Matsumoto, Y., Yagi, S. and Taguchi, T. : Cyclic tests of vibration control system in steel buildings and its fiber optic sensing, Proc. 1st Intern. Conf. Advances in Experimental Structural Engineering（AESE 2005），Vol.2, pp. 633-640（2005）
30) 山田聖志，田口　孝，中澤博之，松本幸大：中間梁を利用した曲げ降伏型制震システムの変形性状と光ファイバセンシング，No.594, pp. 143-150（2005.8）
31) 田口　孝，山田聖志，近田純生：非構造部材利用型制震工法を採用した建築物模型のランダム波入力実験とシミュレーション解析，構造工学論文集，**49B**, pp. 69-79（2003.3）
32) 加藤史郎，中澤祥二，島岡俊輔，岡田英史：鉄骨造冷却塔の座屈耐力及び耐震性に関する研究；日本建築学会構造系論文集，第597号，pp. 85-92（2005.11）
33) 中澤祥二，村上秀樹，加藤史郎，大河内靖雄，竹内　徹，柴田良一：座屈拘束ブレースを用いた通信鉄塔の耐震補強法に関する研究，グリッドシステムを用いた遺伝的アルゴリズムによる座屈拘束ブレースの最適配置探索法，日本建築学会構造系論文集，第604号，pp. 79-86（2006.6）
34) 加藤史郎，打越瑞昌，大杉文哉，中澤祥二，向山洋一：入力低減型支持機構を有する大スパンドーム構造物の地震応答性状，下部構造の剛性と質量の影響について，日本建築学会構造系論文集 第525号，pp. 71-78（1999）
35) 金田勝徳：張弦屋根を持つ免震構造 京都アクアアリーナ，新シェル・空間構造セミナー，シェル・空間構造の減衰と応答制御，日本建築学会（2002.11）
36) 人見泰義：免震支承を持つドーム きらら元気ドーム，新シェル・空間構造セミ

ナー,シェル・空間構造の減衰と応答制御,日本建築学会（2002.11）
37) 和田　章,岩田　衛,清水敬三,安部重孝,川合廣樹：構造物の損傷制御設計,丸善（1998）
38) 加藤史郎,中澤祥二：下部構造エネルギー吸収型単層ラチスドームの地震時動的崩壊性状,日本建築学会構造系論文集,No.548, pp. 81-88（2001.10）
39) 柴田育秀：豊田市スタジアム,ビルディングレター,pp. 19-29（1999.2）
40) 細澤　治：しもきた克雪ドーム（仮称）構造概要,第4回新「シェル・空間構造」セミナー,日本建築学会シェル・空間構造運営委員会（2005.1）
41) 中澤祥二,斎藤慶太,加藤史郎：劣化型履歴を有するブレース架構で支持された複層ラチスドームの地震応答と静的地震荷重の推定,日本建築学会構造系論文集,第608号,pp. 69-76（2006.10）
42) 中澤祥二,立道郁生,嶋登志夫,加藤史郎,平野健太：体育館・工場など空間構造物の地震リスク評価に関する基礎的研究,構造工学論文集,**53B**, pp. 227-237（2007.4）
43) 中治弘之,泉田英雄,山口晋作：東三河における土壁のせん断力載荷実験,日本建築学会大会学術講演梗概集 C-1 分冊,pp. 205-206（2001）
44) U. S. Green Building Council が運営する LEED のホームページ http://www.usgbc.org/LEED
45) 渡邉昭彦：米英の学校の環境教育とサスティナブルデザイン先進事例の研究,日本建築学会地域施設計画研究論文,24, pp. 119-128（2006.7）
46) Watanabe, A. and Hosoda, T. : A precedent case study on environmental education in schools and sustainable design of school buildings in the USA and UK, The 2005 World Sustainable Building Conference in Tokyo, pp. 4673-4680（2005.9）
47) Gohnai, Y., Ohgai, A., Ikaruga, S., Kato, T., Hitaka, K., Murakami, M. and Watanabe, K. : Development of a support system for community-based disaster mitigation planning integrated with a fire spread simulation model using CA —The results of an experimentation for verification of its usefulness—, *in* "Innovations in Design & Decision Support Systems in Architecture and Urban Planning", Springer Pubs., pp. 35-51（2006）
48) 郷内吉瑞,大貝　彰,鵤　心治,加藤孝明,日高圭一郎,村上正浩,渡辺公次郎,阿部陽介：WebGIS 基盤の防災まちづくりワークショップ支援システムの有用性検証 その1・2, 2006 年度大会（関東）日本建築学会学術講演梗概集 F-1, pp. 791-794（2006）

4 章
1) 経済産業省資源エネルギー庁：平成17年度エネルギー白書（2006）
2) 経済産業省資源エネルギー庁：平成16年度エネルギー白書（2005）
3) IEA : Energy Balances of OECD Countries 2001-2002（2004）
4) IEA : Renewables Information（2004）

5 章

1) Matthews, E. et al, : The Weight of Nations: Material Outflows from Industrial Economies, p. 126, World Resources Institute, Washington, D.C. (2000)
2) Eurostat : Economy-wide material flow accounts and derived indicators. A methodological guide, p. 92, Office for Official Publications of the European Communities, Luxembourg (2001)
3) Eurostat : Material use indicators for the European Union, 1980-1997. Economy-wide material flow accounts and balances and derived indicators of resource use, p. 109, Office for Official Publications of the European Communities, Luxembourg (2001)
4) Eurostat : Material use in the European Union 1980-2000. Indicators and analysis, p. 90, Office for Official Publications of the European Communities, Luxembourg (2002)
5) EEA (European Environment Agency) : Signals 2004　A European Environment Agency update on selected issues, p. 36 (2004)
6) Bringezu, S. et al : International comparison of resource use and its relation to economic growth　The development of total material requirement, direct material inputs and hidden flows and the structure of TMR, Ecological Economics, **51**, pp. 97-124 (2004)
7) Palm, V. and Jonsson, K. : Materials flow accounting in Sweden : Material use for national consumption and for export, J. Industrial Ecology, **7**(1), pp. 81-92 (2003)
8) Schandl, H. and Schulz, N. B. : Changes in United Kingdom's natural relations in terms of society's metabolism and land use from 1850 to the present day, Ecological Economics, **41**(2), pp. 203-221 (2002)
9) Pedersen, O. G. : DMI and TMR for Denmark 1981, 1990, 1997. An assessment of the material requirements of the Danish economy, Statistics Denmark (2002)
10) Hoffrén, J. et al : Decomposition analysis of Finnish material flows : 1960-1996, J. Industrial Ecology, **4**(4), pp. 105-125 (2000)
11) Ščasný, M. et al : Material flow accounts, balances and derived indicators for the Czech Republic during the 1990s : Results and recommendations for methodological improvements, Ecological Economics, **45**, pp. 41-57 (2003)
12) Chen, X. and Qiao, L. : A preliminary material input analysis of China, Population and Environment, **23**(1), pp. 117-126 (2001)
13) Tao, M et al. : Analysis of physical flows in primary commodity trade : A case study in China, Resources, Conservation and Recycling, **47**, pp. 73-81 (2006)
14) Rechberger, H. : Eco-industrial parks and the zero-waste philosophy : Potentials and limits, Proc. Industrial Ecology for a Sustainable Future, 29June-2 July, University of Michigan, p. 127 (2003)
15) 大西　悟，藤田　壮：川崎エコタウン内鉄鋼産業における廃プラスチックの地

域循環システムの評価,環境システム研究論文集,**34**, pp. 395-404 (2006)
16) 後藤尚弘,他:地域ゼロエミッションを目指した愛知県物質フローの解析,環境科学会誌,**14**(2), pp. 211-220 (2001)
17) 後藤尚弘,迫田章義:地域ゼロエミッションを目指した産業ネットワーク設計ツールの開発,環境科学会誌,**14**(2), pp. 199-210 (2001)
18) 愛知県環境部:あいち資源循環型社会形成プラン (2002)
19) Singh, S. J. and Grünbühel, C. M. : Environmental Relations and Biophysical Transitions : The Case of Trinket Islands, *in* "Geografiska Annaler, Series B, Human Geography", **85**(4), pp. 53-86 (2004)
20) 後藤尚弘:屋久島における物質フロー解析,屋久島ゼロエミッション(屋久島ゼロエミッションワーキンググループ編集),海象社 (2004)
21) 森口祐一:人間活動と環境をめぐる物質フローのシステム的把握,環境科学会誌,**18**(4), pp. 411-418 (2005)
22) Eurostat, (Weisz, H. et al.) : Material use in the European Union 1980-2000. Indicators and Analysis. Working Papers and Studies. Luxembourg (2002)
23) Weisz, H. et al. : The physical economy of the European Union : Cross-country comparison and determinants of material consumption, Ecological Economics, **58**(4), pp. 676-698 (2006)
24) Obemosterer R. and Brunner, P. H. : Urban management : The example of lead, water, air and soil pollution, Focus, **1**, pp. 241-253 (2001)
25) Spatari, S. et al. : Twentieth century copper stocks and flows in North America : A dynamic analysis, Ecological Economics, **54**(1), pp. 37-51 (2005)
26) Graedel, T. E. et al. : The multilevel cycle of anthropogenic zinc, J. Industrial Ecology, **9**(3), pp. 67-90 (2005)
27) Jasinski, S. M. : The materials flow of mercury in the United States, Resour. Conserv. Recycling, **15**(3-4), pp. 145-179 (1995)
28) 環境省:平成18年版循環型社会白書 (2006)
29) FAO,『FAOSTAT』http://www.fao.org/
30) 中華人民共和国国家統計局編:中国統計年鑑 2005,中国統計出版社 (2006)
31) 中国国家統計局国民経済総合統計司編:新中国五十年統計資料彙編,日本統計協会訳 日本統計協会 (2003)
32) Amann, C. et al, : Material flow accounting in Amazonia. A tool for sustainable development, Social Ecology Working Paper 63 (2002)
33) 政策科学研究所:地方自治体におけるバイオディーゼル燃料の規格化と利用に関する調査 (2006)
34) 鮫島政浩,他:バイオ液体燃料,エヌ・ティー・エス (2007)
35) OECD : Workshop on Material Flows and Related Indicators Environment Directorate Environment Policy Committee (2004)
36) OECD : Key Environmental Indicators (2004)

37) 森口祐一：循環型社会形成のための物質フロー指標と数値目標，廃棄物学会誌，**14**(5), pp. 242-251（2003）
38) 橋本征二，森口祐一：物質フローから見た循環型社会，化学工学誌，**67**(5), pp. 256-258（2004）

6 章

1) 齊藤正三郎編：超臨界流体の科学と技術，三共ビジネス（1996）
2) 水熱科学ハンドブック編集委員会編：水熱科学ハンドブック，技報堂出版（1997）
3) 新井邦夫，佐古 猛，福里隆一，鎗田 孝：超臨界流体の環境利用技術，エヌ・ティー・エス（1999）
4) 山崎仲道監修：水熱化学あれこれ，南の風社（1999）
5) 新井邦夫ほか：超臨界流体プロセスの実用化，技術情報協会（2000）
6) 佐古 猛編著：超臨界流体―環境浄化とリサイクル・高効率合成の展開―，アグネ承風社（2001）
7) Arai, Y., Sako, T. and Takebayashi, Y.（ed.）: Supercritical Fluids, Springer, Heidelberg, Germany（2002）
8) Archer, D. G. and Wang, P. : The dielectric constant of water and Debye-Hueckel limiting low slopes, J. Phys. Chem. Ref. Data, **19**(2), pp. 371-411（1990）
9) Kang, K., Quitain, A. T., Daimon, H., Noda, R., Goto, N., Hu, H. Y. and Fujie, K. : Optimization of amino acids production from waste fish entrails by hydrolysis in sub- and supercritical water, Canadian J. Chemical Engineering, **79**, pp. 65-70（2001）
10) Sato, N., Quitain, A. T., Kang, K., Daimon, H. and Fujie, K. : Reaction kinetics of amino acid decomposition in high-temperature and high-pressure water, Industrial & Engineering Chemistry Research, **43**(13), pp. 3217-3222（2004）
11) 藤江幸一，大門裕之，佐藤伸明：高温高圧水を用いた環状ペプチドの合成方法（特開 2003-252896）
12) 藤江幸一，大門裕之，刀襧誠司，杉浦直樹：炭素繊維の処理方法（特開 2002-180369）
13) 藤江幸一，大門裕之，刀襧誠司，杉浦直樹：炭素繊維及びその製造方法（特開 2002-180379）
14) 藤江幸一，大門裕之，佐伯 孝，溝淵 司：リサイクル炭素繊維の製造方法（特開 2005-336331）
15) 藤江幸一，大門裕之，岡本正勝，仲井茂夫：回収鋳物砂の再生方法（特開 2002-178100）
16) 藤江幸一，大門裕之，浦野真弥：窒化アルミニウムの処理方法，および窒化アルミニウムの処理装置等（特開 2002-322519）
17) 藤江幸一，大門裕之，友田健夫，久幸晃二：アルミニウムドロス残灰の処理装置（特開 2005-177556）

18) 藤田昌史, Kim, K., 大門裕之, 藤江幸一：水熱反応による余剰汚泥可溶化処理液の生物学的リン除去の炭素源としての有効性評価, 環境工学研究論文集, **40**, pp. 23-28 (2003)
19) Kim, K., Fujita, M., Daimon, H. and Fujie, K. : Application of hydrothermal reaction for excess sludge reuse as carbon sources in biological phosphorus removal, Water Science & Technology, **52**(10-11), pp. 533-541 (2006)
20) 大門裕之, 藤江幸一, 藤田昌史, キム・ギョンリョン, 武田賢治, 皆川公司：高温高圧水反応を用いた余剰汚泥処理システム（特開 2004-322080）
21) 佐伯　孝, 附木貴行, 辻　秀人, 大門裕之, 藤江幸一：水熱反応によるポリ乳酸からの乳酸回収, 高分子論文集, **61**(11), pp. 561-566 (2004)
22) 佐伯　孝, 大門裕之, 辻　秀人, 藤江幸一, 中島　実, 石原健一：ポリ乳酸廃棄物の再生方法（特開 2006-137892）
23) 佐伯　孝, 大門裕之, 辻　秀人, 藤江幸一, 中島　実, 石原健一：ポリ乳酸廃棄物の分離回収方法（特願 2005-290614）
24) 藤江幸一, 辻　秀人, 大門裕之：生分解性ポリエステルのモノマー化方法等（特開 2003-300927）
25) Tsuji, H., Daimon, H. and Fujie, K. : A new strategy for recycling and preparation of poly(L-lactic acid) : Hydrolysis in the melt, Biomacromolecules, **4**, pp. 835-840 (2003)
26) 大門裕之, 熱田洋一, 藤江幸一, 小島嘉豊, 鈴木邦彦, 木村　巌：高温高圧水を用いた動物用液体飼料の製造方法（特願 2006-338971）
27) 日本化学会 編：季刊化学総説クロマトグラフィーの新展開, 学会出版センター (1990)
28) 荒井康彦：超臨界のすべて, テクノシステム (2002)

7 章
1) Nakamura, M., Ando, R., Nakazawa, T. et al. : Genes Cells, **12**, pp. 997-1010 (2007)
2) Ichikawa, K. and Eki, T. : J. Biochem (Tokyo), **139**, pp. 105-112 (2006)
3) Harada, H., Kurauchi, M., Hayashi, R. et al. : Ecotoxicol. Environ. Saf., **66**, pp. 378-383 (2007)
4) 辻　秀人：生分解性高分子材料の科学, コロナ社 (2002)
5) 辻　秀人：プラスチックス, **55**(11), pp. 61-65, 工業調査会 (2004)
6) Swift, G. : Acc. Chem. Res., **26**, pp. 105-110 (1993)
7) 静電気学会編：新版 静電気ハンドブック, オーム社 (1998)
8) Kim, H., Takashima, K., Katsura, S. and Mizuno A. : Low-temperature NO_x reduction processes using combined systems of pulsed corona discharge and catalysts, J. Physics D : Applied Physics, **34**(4), pp. 604-613 (2001)
9) Mizuno, A., Nishioka, M., Tanizoe, T. and Katsura, S. : Handling of single DNA molecule using electric field and laser beam, IEEE Trans. Industry Applications, **31**(6), pp. 1452-1457 (1995)

索　引

【あ】

愛知環境賞　131
アップグレードリサイクル
　技術　6
アミノ酸　144
アルミニウムドロス　147

【い】

イオン積　142
磯焼け　14
1分子操作　181
遺伝毒性試験法　168

【え】

液体飼料　151
エクセルギー　93
エコクッキング　28
エコタウン　128
エコファミリー　17
江戸時代の農業　11
エネルギー収支　89
エネルギー変換　89
エネルギー変換効率　90
エネルギー保存　89
エネルギーマップ　37
延焼シミュレーション　82
エンタルピー　92
エントロピー　92

【お】

汚染の制御　6
オール電化　43

【か】

外燃機関　96
可採年数　86

可採埋蔵量　86
ガスコジェネレーション　43
化石資源　86
ガソリンエンジン　98
家電リサイクル法　127
カーボンニュートラル　170
可溶化　148
環境インパクト　3
環境家計簿　18
環境保全型農業　12
環境マネジメントシステム
　130

【き】

機能分子　160
基盤整備事業　12
究極埋蔵量　86
吸熱反応　94
供給エネルギー　90
京都議定書　16

【く】

空間構造物　68

【こ】

高温高圧水　136
酵　素　160

【さ】

サステナブルデザイン　71
産業廃棄物税　129
産業連関表　116
三重点　138

【し】

資源生産性　126
持続可能資源　123

市民団体　130
社会的責任　129
集成材　64
修復技術　6
循環型社会形成推進基本法
　126
循環ビジネス創出会議　131
循環利用率　126
旬産旬消　21
省エネルギー効果　47
食品ロス　19
食料自給率　4, 15
身土不二　23

【す】

水産加工未利用物質　144
スターリングエンジン　98

【せ】

制震ブレース　65
生態恒常性工学　7
生分解性高分子材料　170
線　虫　167

【た】

耐震補強　60
太陽光温水装置　105
太陽電池　105
太陽放射エネルギー　104
脱物質化　112
建物別エネルギー消費　48
炭素繊維　144
タンパク質　144

【ち】

地産地消　24
長寿命材料　59

索　引　197

超臨界水	137		164	【み】	
超臨界水酸化	141	廃　砂	146	未利用エネルギー資源	88
超臨界流体	138	ハイブリッド方式	92	【め】	
超臨界流体技術	136	バイレメ	164	免震・制震装置	62
【つ】		発熱反応	93	【も】	
積上げ法	116	【ひ】		モニタリング	6
【て】		光触媒	105	【ゆ】	
低環境負荷材料	59	光ファイバセンサ	50	有効エネルギー	90
ディーゼルエンジン	98	ひずみゲージ	53	【よ】	
電気集塵	177	ヒートポンプシステム	95	容器包装リサイクル法	127
【な】		標準オフィスビル	45	余剰汚泥	148
内燃機関	96	標準住宅モデル	39	【ら】	
内部エネルギー	92	【ふ】		ライフサイクルインベントリ	35
ナチュラルアテニュエーション	165	物質循環ネットワーク	2	ライフサイクルマトリクス	37
【ね】		物質消費	119	ライフスタイル	131
熱機関	96	物質フロー解析	5, 113, 132	【り】	
燃料電池	101	フードマイレージ	15	リサイクル	126
【の】		プラスチック製容器包装	20	リデュース	126
農業機械	12	プラズマ	177	リボヌクレアーゼ P	160
【は】		【ほ】		リユース	126
バイオオーグメンテーション	164	ボイラ	96	【ろ】	
バイオスティミュレーション	165	防災まちづくりワークショップ	82	ロハス	16
バイオマス	3, 107	放電プラズマ	178		
バイオレメディエーション		ポリ乳酸	149		
		【ま】			
		膜ろ過法	174		
		曲げ降伏型制震装置	65		

DMC	113	FBG センサ	50	quality of life	1
DMI	113	FRP	61	SFA	115
DNA 傷害防御機構	167	LEED	72	SQUID	184
DPO	113	MF 膜	175	TDO	113
end-of-pipe	2, 110	MFA	5, 113	TMR	113
EROEI	109	NF 膜	175	UF 膜	175

― 編著者略歴 ―

1974年　新潟大学工学部化学工学科卒業
1976年　新潟大学大学院工学研究科修士課程修了（化学工学専攻）
1980年　東京工業大学大学院総合理工学研究科博士課程修了
　　　　（化学環境工学専攻），工学博士
1980年　東京工業大学助手
1988年　横浜国立大学助教授
1994年　豊橋技術科学大学教授
2007年　横浜国立大学教授
　　　　現在に至る

生態恒常性工学　― 持続可能な未来社会のために ―
Ecological Engineering for Homeostatic Human Activities

Ⓒ Koichi Fujie　2008

2008年4月25日　初版第1刷発行

検印省略	編著者	藤　江　幸　一
	発行者	株式会社　コロナ社
	代表者	牛来辰巳
	印刷所	萩原印刷株式会社

112-0011　東京都文京区千石4-46-10
発行所　株式会社　コロナ社
CORONA PUBLISHING CO., LTD.
Tokyo Japan
振替00140-8-14844・電話(03)3941-3131(代)
ホームページ　http://www.coronasha.co.jp

ISBN 978-4-339-06741-5　（柏原）　（製本：愛千製本所）
Printed in Japan

無断複写・転載を禁ずる
落丁・乱丁本はお取替えいたします